Unseren beiden Söhnen Veverin und Vitus gewidmet.

Ihr habt eure Coronaferien prima gemeistert.

KARSTEN BRENSING
KATRIN LINKE

Die spannende Welt der Viren und Bakterien

INHALT

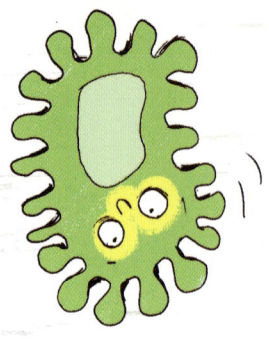

Liebe Leserin, lieber Leser	8

Bakterien	30
Bakterium ist nicht gleich Bakterium	32
Das Leben von Bakterien	34
Symbiose mit Bakterien	43
Einzeller	48
Pilze	52
Mehrzeller	58
Die Entstehung des Lebens	62
Zeitreise in die Entdeckungsgeschichte	72

IM REICH DER MIKROBIOLOGIE — 10

Corona	12
Viren	16
Aufbau und Aussehen	20
Vermehrung und Übertragungswege	22
Viren als Freunde	26

KRANKHEITEN UND WAS WIR TUN KÖNNEN — 80

Was ist eine Pandemie?	82
Hygiene	88
Steinzeit	92
Die ersten Städte	93
Römisches Reich und Mittelalter	94

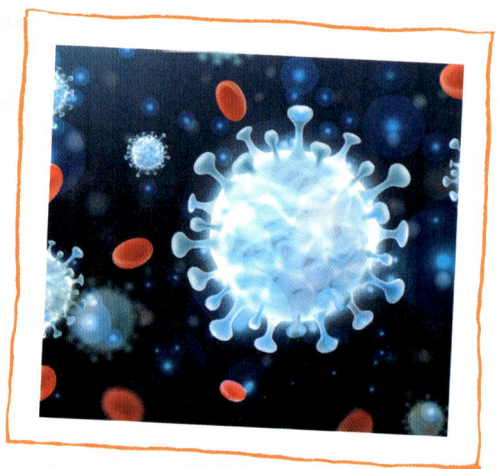

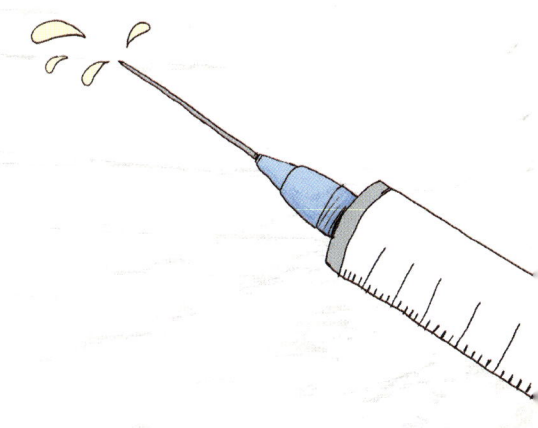

UNSERE FREUNDE UND WIE WIR ZUSAMMENLEBEN 150

Nützliche Helfer - das Klärwerk 152
Mikrobiom - unsere Freunde 156
Die Natur atmet auf 162

Liebe Eltern, Lehrerinnen und Lehrer 166
Glossar für Fachbegriffe 168
Glossar für Krankheiten 174
Antworten 178
Quellenverzeichnis 182

Neuzeit 96
Der menschliche Faktor 98
Hygiene - wenn's drauf ankommt! 100
Immunsystem 108
　Die unspezifische Immunabwehr 112
　Die spezifische Immunabwehr 115
Impfung 124
　Aktive Impfung 127
　Passive Impfung 130
　Impfkritik 131
Medikamente 136
Resistenzen und Ausblick 144

LIEBE LESERIN, LIEBER LESER,

Anfang 2020 erlebten Schüler auf der ganzen Welt eine große Überraschung: Coronaferien. Doch anders als bei Hitzefrei wurde nicht gejubelt. Die Welt hielt den Atem an und erwartete die größte Katastrophe seit dem Zweiten Weltkrieg. Der Grund: ein Virus, das im Verhältnis zu uns nicht größer ist als eine Maus zur Erde.

Doch wie entsteht eigentlich eine neue Krankheit, was ist eine Pandemie und warum gibt es diese erst seit ein paar Tausend Jahren? Was genau ist Mikrobiologie und warum ist sie für uns so wichtig? Kannst du dir vorstellen, dass in jeder deiner Zellen Tausende von Bakterien leben? Das sind die Zellkraftwerke, die wir Mitochondrien nennen. Sie leben in Symbiose mit allen Tieren, Pflanzen und Pilzen, und das schon seit 3 Milliarden Jahren – also bereits zu einer Zeit, in der es noch keine mehrzelligen Lebewesen gab.

Selbst Viren, die noch nicht einmal Lebewesen sind und vor wenigen Jahren ausschließlich als Parasiten betrachtet wurden, sind für die Natur unverzichtbar. Die Ent-

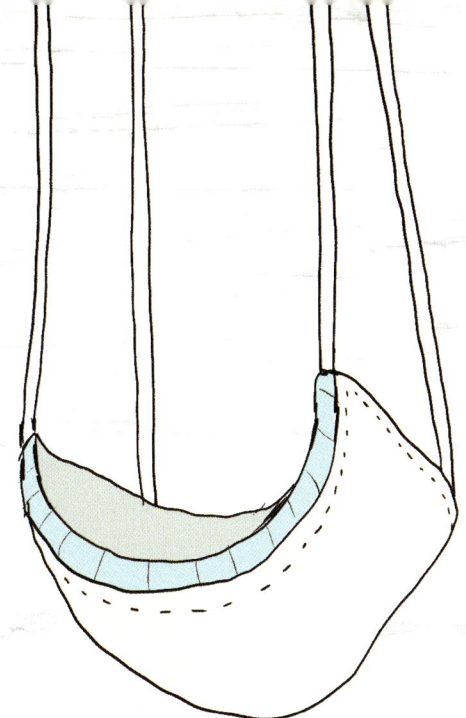

Im Normalfall werden solche Eindringlinge aber von unserem Immunsystem in Schach gehalten. Wenn du wissen möchtest, wie das funktioniert, dann wünschen wir dir viel Spaß beim Lesen!

Deine Katrin & dein Karsten

wicklung der Säugetiere haben wir zum Beispiel Viren zu verdanken.

Die allermeisten dieser mikroskopisch kleinen Bestandteile der Natur sind nicht nur ungefährlich, sondern sogar unsagbar nützlich. Eine der größten Erfindungen von uns Menschen ist übrigens das Klärwerk. Ohne diese Wellnessoasen für Mikroorganismen würden wir in unserem Dreck ersticken. Doch nicht nur dort leben die unermüdlichen Helfer, auch in und an uns sind sie. Wusstest du, dass dein Körper mehr Bakterien als eigene Zellen hat?

Leider geht bei diesem friedlichen Zusammenleben manchmal etwas schief und dann entstehen Krankheiten. Besonders gefährlich wird es, wenn wir mit bisher unbekannten Mikroorganismen und Viren in Kontakt kommen.

Die Autoren Katrin und Karsten sind hier so groß wie unsere ganze Erde. Das Coronavirus ist dann gerade mal so groß wie eine Maus. Nun stell dir vor, was eine kleine Maus unserem ganzen Planeten antun kann. Richtig – praktisch überhaupt nichts.

IM REICH DER MIKROBIOLOGIE

Sie sind überall, mal Freund, mal Feind!

CORONA

Eine Intelligenzbestie unter den Viren

Keine Schule – und das ganz ohne Ferien! Der Grund dafür klang für dich vermutlich erst einmal recht unverständlich: Coronavirus. Das Wort war plötzlich in aller Munde und bei den Erwachsenen Thema Nummer eins.

Die ersten Tage ohne Schule fandest du sicher toll. Doch dann haben dir bestimmt deine Freunde gefehlt und du warst genervt, dass du nicht zum Sport konntest. Oma und Opa durftest du auch nicht besuchen, und wenn du mit ihnen telefoniert hast, war es für alle irgendwie komisch.

Anfang 2020 hat das Coronavirus die Welt in Angst und Schrecken versetzt. Am 30. Januar 2020, lange vor der Schließung der Schulen und nur einen Monat, nachdem das Virus bekannt geworden war, sprach die **Weltgesundheitsorganisation** von einer „gesundheitlichen Notlage internationaler Tragweite". So etwas geschieht nur sehr selten!

Ein winziger Krankheitserreger bestimmte seitdem unseren Alltag: Nicht nur Schulen und Restaurants wurden geschlossen, sondern auch Kindergärten, Spielplätze, Schwimmbäder, Geschäfte, Museen, Fabriken und vieles mehr. Mancherorts wurde sogar eine Ausgangssperre verhängt – Maßnahmen, die völlig verrückt erscheinen, wenn man sich genauer vorstellt, wer uns hier eigentlich bedroht. Schau dir doch mal das Bild mit der Erdkugel auf Seite 9 an. Du siehst dort ein erstaunliches Verhältnis: Wenn deine beiden Autoren so groß wären wie unsere gesamte Erde, dann wäre das Virus gerade mal so groß wie eine kleine Maus. Doch warum haben wir vor so etwas Kleinem eigentlich so große Angst?

Um das zu verstehen, möchten wir dich in die Welt der **Mikrobiologie** entführen. Denn die Welt, wie du sie kennst, mit all den Tieren und Pflanzen, ist tatsächlich nur die Hälfte dessen, was da draußen existiert. Verborgen vor unseren Augen gibt es eine Welt, die so fantastisch ist, dass selbst die spannendsten Geschichten langweilig erscheinen.

Mikroorganismen und Viren können extrem gefährlich sein und sind überall, meist sind sie aber harmlos und extrem nützlich.

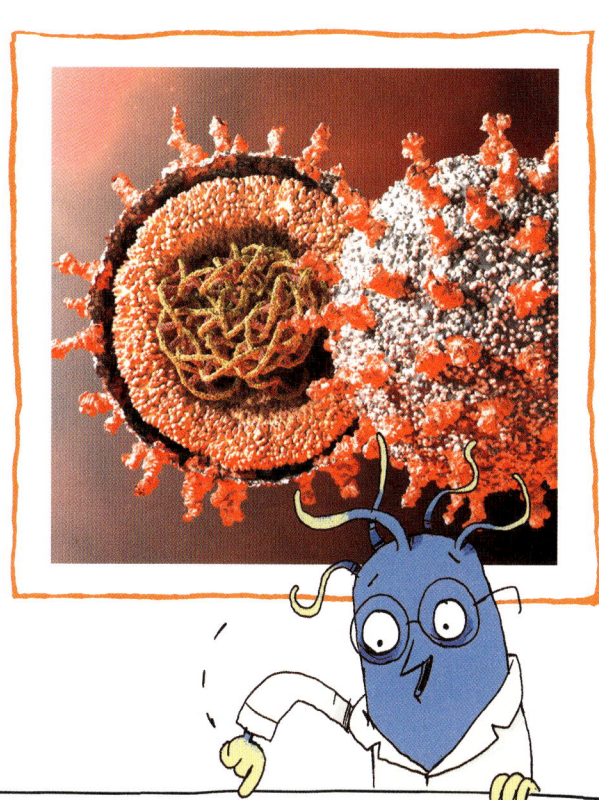

Man sieht dem schönen Coronavirus nicht an, wie gefährlich es sein kann.

INFOKASTEN 1

Genau genommen gibt es eine ganze Reihe von Coronaviren – die Forscher nennen sie die Familie der Coronaviridae. Schon 1968 wurde sie nach ihrem Aussehen benannt, dessen Form die Forscher an eine Sonnenkorona erinnerte, also den Lichtkranz, der entsteht, wenn die Sonne verdeckt wird.[1]

Das Virus, das Anfang 2020 die Welt erschütterte, heißt SARS-CoV-2 und löst die Krankheit COVID-19 aus. Hier im Buch nennen wir es einfach das Coronavirus.

INFOKASTEN 2

Coronaviren sind übrigens die Intelligenzbestien unter den Viren. Ihre **RNA**-Kette ist besonders lang und speichert viele Informationen, daher gelingt es ihnen sogar, von einer Tierart zu einer anderen zu „springen". Die meisten Viren können das nicht, sie sind spezialisiert auf eine bestimmte Tierart, manche sogar auf ein bestimmtes Organ. Nur dafür haben sie einen Schlüssel, doch dazu mehr im nächsten Kapitel.

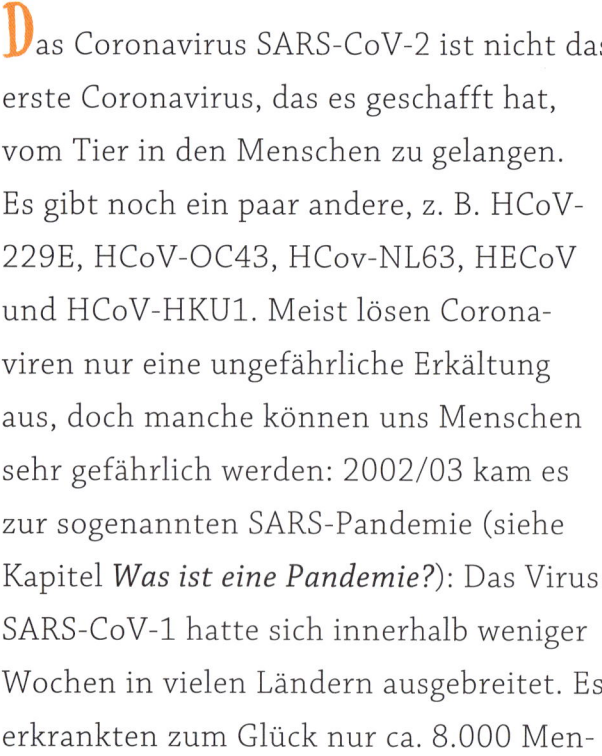

Das Coronavirus SARS-CoV-2 ist nicht das erste Coronavirus, das es geschafft hat, vom Tier in den Menschen zu gelangen. Es gibt noch ein paar andere, z. B. HCoV-229E, HCoV-OC43, HCov-NL63, HECoV und HCoV-HKU1. Meist lösen Coronaviren nur eine ungefährliche Erkältung aus, doch manche können uns Menschen sehr gefährlich werden: 2002/03 kam es zur sogenannten SARS-Pandemie (siehe Kapitel *Was ist eine Pandemie?*): Das Virus SARS-CoV-1 hatte sich innerhalb weniger Wochen in vielen Ländern ausgebreitet. Es erkrankten zum Glück nur ca. 8.000 Menschen, aber fast jeder Zehnte davon starb an einer schweren Lungenentzündung.

Genauso wie Corona hatte die SARS-Pandemie ihren Ausgangspunkt in China. Vermutlich ist dafür die chinesische Kultur und Lebensweise verantwortlich: Die Menschen dort leben oft sehr eng mit den Tieren zusammen, die sie essen oder anderweitig nutzen, und sie essen oft Wildtiere. Manche davon tragen Viren in sich, die für sie selbst ungefährlich sind, uns Menschen aber krank machen können. Durch das enge Zusammenleben von Tier und Mensch kann es passieren, dass Viren von Wildtieren auf uns Menschen überspringen, im Falle der Corona-Pandemie vermutlich von Fledermäusen.[2] Wissenschaftler nennen das eine Zoonose. Schon 2003, kurz nach der SARS-Pandemie, hatten Forscher vorausgesagt, dass so etwas jederzeit wieder passieren kann, wenn Mensch und Tier so nah beieinander sind. 2013 war es dann so weit, ein Grippeerreger, der normalerweise nur Vögel infiziert, sprang auf Menschen über. Das Virus, genannt A/H7N9, infizierte in Shanghai im Süden Chinas zwei Männer und die sogenannte Vogelgrippe war entstanden.[3] Wir sind daher der Meinung, dass es ein wichtiger Schritt wäre, Tiermärkte, auf denen lebende Tiere gehandelt werden, schon aus diesem Grund zu schließen.

Wusstest du, dass das Coronavirus und alle anderen Viren überhaupt keine Lebewesen sind? Tatsächlich sind sie so etwas wie **Nanoroboter**, die nur darauf programmiert sind, sich zu vervielfältigen. Das ist alles!

Du weißt sicher, dass Menschen, Tiere, Pflanzen und Pilze aus kleinen Zellen aufgebaut sind. In jeder dieser Zellen gibt es einen Zellkern, der einen Bauplan für das gesamte Lebewesen enthält. Die Forscher sprechen vom **genetischen Code**. Doch kannst du dir vorstellen, dass sich in diesem Code auch der Code von Viren befindet? Sind wir alle also ein bisschen Virus? Wir werden sehen!

Lebendtiermarkt in China; ihre Schließung würde viel helfen.

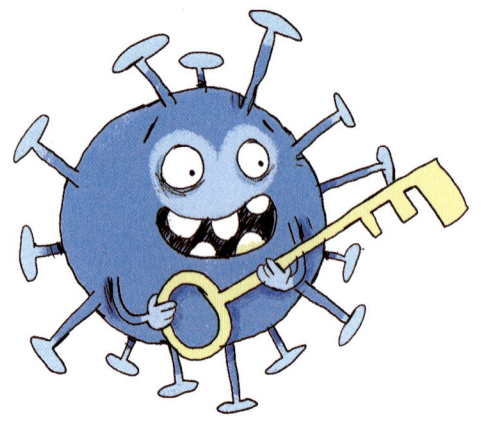

VIREN

Geniale Nanoroboter

Bevor du weiterliest, müssen wir eine Sache richtigstellen: Du hast auf Seite 13 ein tolles Bild von einem Coronavirus gesehen. Aber genau genommen ist das falsch, denn Forscher bezeichnen ein Virus nur als Virus, wenn es sich in einer **Wirtszelle** befindet und dort sein oft zerstörerisches Werk verrichtet. Das, was du auf dem Bild gesehen hast, ist ein Virion, es besitzt eine Schutzschicht, um in der freien Natur überleben zu können. Diese Unterscheidung ist wichtig, denn außerhalb der Zelle macht das Virion praktisch gar nichts. Doch auf seiner Oberfläche sind kleine Strukturen, man nennt sie Spikes (übersetzt heißt das „Nägel" oder „Stacheln"). Mit ihnen können sich Viren an Zellen von Lebewesen festheften.

Aber die Virionen haben ein echtes Problem, denn mithilfe dieser Spikes können sie nur an ganz bestimmten Oberflächen andocken. Das Coronavirus zum Beispiel kann nur Oberflächen mit sogenannten **ACE2-Rezeptoren** entern. Leider gibt es diese Rezeptoren auf den Körperzellen vieler Organe wie Lunge, Herz, Nasen-Rachen-Raum, Niere, Magen und Darm. Besonders viele gibt es auf Lungenzellen, deshalb kann es zu einer Lungenentzündung kommen. Ein anderes Beispiel ist das **FSME**-Virus. Es kann nur an Nervenzellen andocken, und so kommt es zu einer Gehirnhautentzündung. Man könnte beide bedenkenlos auf die Hand nehmen und mit ihnen spielen. Sie wären nichts weiter als tote Staubkörnchen, nur eben viel kleiner. Kommt dieses Staubkorn aber an die richtigen Zellen, dann klinkt es sich fest.

Einmal an der Zelle angedockt, folgt Schritt 2: Als hätten sie einen Schlüssel, können Virionen die Zellen „aufschließen". Ist das geschafft, bringen sie ihre RNA oder **DNA** mit dem Bauplan zur Herstellung weiterer Viren in die Zelle. Jetzt beginnt die eigentliche Arbeit als Virus: Mithilfe ihrer ganz eigenen Helfer-**Proteine** übernehmen sie die Zelle. Nun haben sie das Sagen und machen die Zelle zur Brutstätte für weitere Viren. Sind diese fertig gebaut, werden sie als Virionen freigesetzt. Dabei können die befallenen Zellen sogar platzen. Wissenschaftler nennen diesen Prozess übrigens **lytischen Zyklus**.

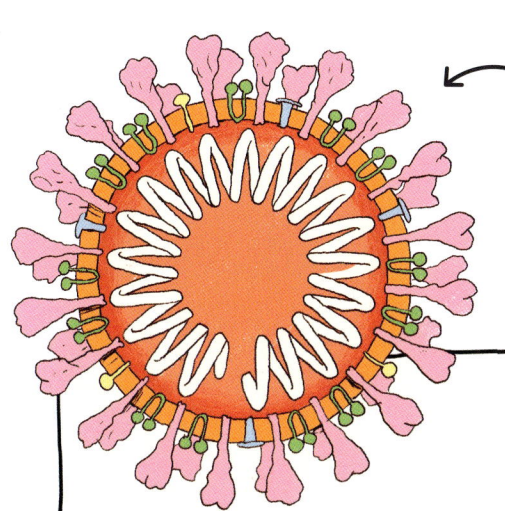

So in etwa sieht ein aufgeschnittenes Coronavirus aus. Die Spirale in der Mitte ist die RNA mit dem Bauplan des Virus.

INFOKASTEN 1

Schlüssel-Schloss-Prinzip

Wie der Name schon sagt, passt hier etwas in etwas anderes hinein. Dazu musst du wissen, dass jede biologische Zelle von einer Membran (siehe Kapitel *Die Entstehung des Lebens*) umgeben ist. Diese Membran wirkt wie unsere Haut. Nun müssen die Zellen aber mit ihrer Umgebung irgendwie im Austausch stehen. Dazu helfen ihnen Proteine. Die sind eine Art winzige Maschinen, die bestimmte Arbeiten verrichten, etwas bauen oder etwas von A nach B transportieren. Nun hat jede Maschine, je nach Funktion, eine bestimmte Form, ein Traktor sieht z. B. ja auch anders aus als eine Bohrmaschine. Eine Lungenzelle hat ganz spezielle Proteine an ihrer Oberfläche und auch diese haben eine eindeutige Form, an die die Spikes der Virionen genau passen. Das Schlüssel-Schloss-Prinzip findest du auch auf Seite 118/119 bei den Antigenen und Antikörpern.

IM REICH DER MIKROBIOLOGIE

Die neue Generation Viren hat es nun leicht: Sie befindet sich bereits an der richtigen Stelle, und so ist es für sie ein Kinderspiel, die Nachbarzelle zu übernehmen, und so weiter. Die betroffenen Lebewesen – dabei kann es sich um Menschen, Tiere, Pflanzen, Pilze und sogar **Einzeller** handeln – haben dann ein echtes Problem, denn die Zellen machen nicht mehr das, was sie eigentlich sollen (siehe Infokasten 2).

Hast du dich schon mal gefragt, was eigentlich Leben ist? Vielleicht denkst du, dass diese Frage leicht zu beantworten ist, doch Gelehrte streiten sich vermutlich schon seit Jahrtausenden darüber und keiner hat bisher eine eindeutige Antwort gefunden. In der Biologie gibt es aber einige klare Regeln: Beispielsweise muss ein Lebewesen Stoffwechsel betreiben. Genau genommen bedeutet das nur, dass ein lebender Organismus etwas nimmt und irgendwie umwandelt. Wenn du zum Beispiel etwas isst, gelangt die Nahrung in deinen Darm und wird verdaut. **Enzyme**, das sind kleine Maschinen in deinem Körper, zerkleinern die Nahrung auf eine Größe, die von deinen Darmzellen aufgenommen werden kann. Von dort gelangen die einzelnen Bestandteile durch dein Blut zu deinen Körperzellen. Hier werden sie verarbeitet. Was übrig bleibt, wird abtransportiert und als Stuhlgang, Urin oder von deinem Atem aus dem Körper geschafft. (Wenn du wissen willst, warum Abfall in deiner Atemluft ist, schlage auf S. 178 nach!) Deine Nahrung hat auf diesem Weg unzählige sogenannte Stoffwechselprozesse durchlaufen.

Was passiert, wenn du einen superleckeren Schokoriegel auf einen Teller legst? Richtig, gar nichts. Auch wenn er noch so lecker ist, der Teller wird deinen Schokoriegel nicht auffuttern, denn er ist nur ein toter Gegenstand. Virionen sind nichts anderes als unser Teller, sie sind ein totes Etwas. Erst wenn sie in eine lebende Zelle kommen, betreiben sie Stoffwechsel, und darum sind Viren auch keine lebenden Organismen. Man kann sie als Miniroboter bezeichnen.

Viren sind offiziell keine Lebewesen!

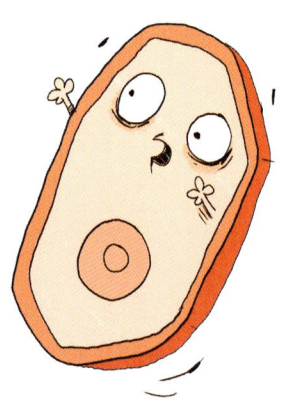

INFOKASTEN 2

In der Lunge findet ein Austausch statt zwischen der Luft, die wir einatmen, und dem Blut, das Gase durch unseren Körper transportiert. Wenn unsere Lunge diese Arbeit aber nicht mehr machen kann, bekommen wir schlechter Luft und können sogar ersticken. Das ist das Gefährliche am neuen Coronavirus, denn es befällt unsere Lunge. Natürlich wehrt die sich und macht das, was sie immer tut, wenn irgendwas nicht stimmt: Sie produziert kräftig Schleim, um alles, was nicht in sie reingehört, nach draußen zu spülen. Dieser Schleim, aber auch das geschädigte Gewebe, löst dann den Hustenreiz aus, den du von Erkältungen kennst. Bei manchen Menschen schädigt das Virus die Lunge so sehr, dass sie an eine Maschine angeschlossen werden müssen, die ihnen beim Atmen hilft.

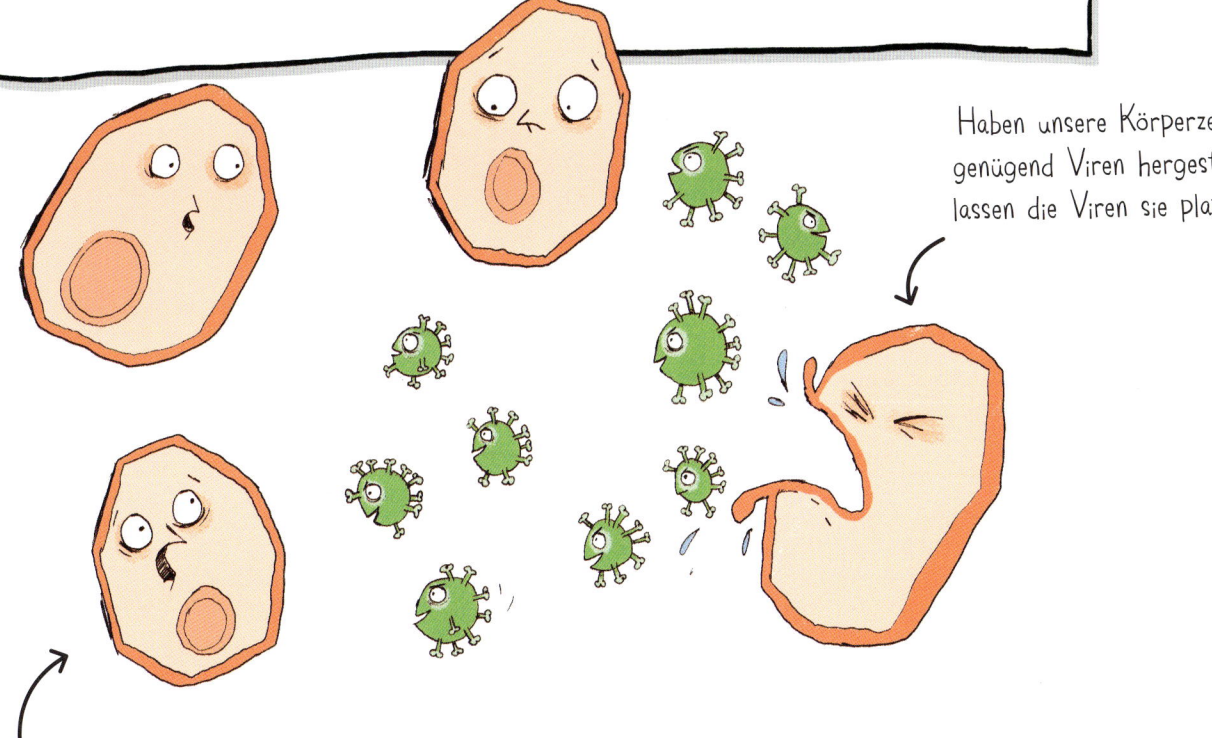

Haben unsere Körperzellen genügend Viren hergestellt, lassen die Viren sie platzen.

Viren attackieren unsere Körperzellen und programmieren sie um, damit sie mehr Viren herstellen.

IM REICH DER MIKROBIOLOGIE

AUFBAU UND AUSSEHEN

Wenn man bedenkt, wie viele unterschiedliche Viren es gibt, ist es eine ziemliche Überraschung, wenn man sieht, wie einfach sie gebaut sind. Im Prinzip bestehen Virionen nur aus der Erbinformation in Form von RNA oder DNA und einer Kapsel aus **Proteinen**. Diese Kapsel nennt man übrigens Kapsid und Forscher können oftmals schon an ihrem Aussehen erkennen, um welche Viren es sich handelt und welche Krankheit ein Virus auslöst. Der Krankheitserreger der **Kinderlähmung** sieht zum Beispiel fast aus wie ein Würfel (kubisch). **Mumps** und **Masern** sehen aus wie kleine Zylinder (helikal). Die Bakteriophagen – das sind Viren, die Bakterien befallen – sehen aus wie Raumkapseln (komplex), du siehst sie auf Seite 24.

Kennst du die Geschichte vom Trojanischen Pferd? Manche Viren verhalten sich ähnlich und schaffen es dadurch, unerkannt Lebewesen zu infizieren. Ihr Trojanisches Pferd ist eine Hülle aus Zellmembran, die sie sich von echten Körperzellen besorgt haben. Das Immunsystem ihres Opfers nimmt nur die eigene Zellmembran (siehe Kapitel *Die Entstehung des Lebens*) wahr und erkennt nicht, dass sich in der **Membranblase** die gefährlichen Viren versteckt haben. Viren, die so etwas können, nennt man behüllte Viren. Die meisten in den letzten Jahrzehnten neu aufgetauchten Viren, die die Menschheit mit einer Pandemie bedroht haben, waren solche behüllten Viren. Beispiele dafür sind **HIV**, **Influenza**, **Ebola** und eben auch das Coronavirus.

Schon lange vor der Erfindung der Kriegslist mit dem Trojanischen Pferd hatten die sogenannten behüllten Viren etwas ganz Ähnliches drauf.

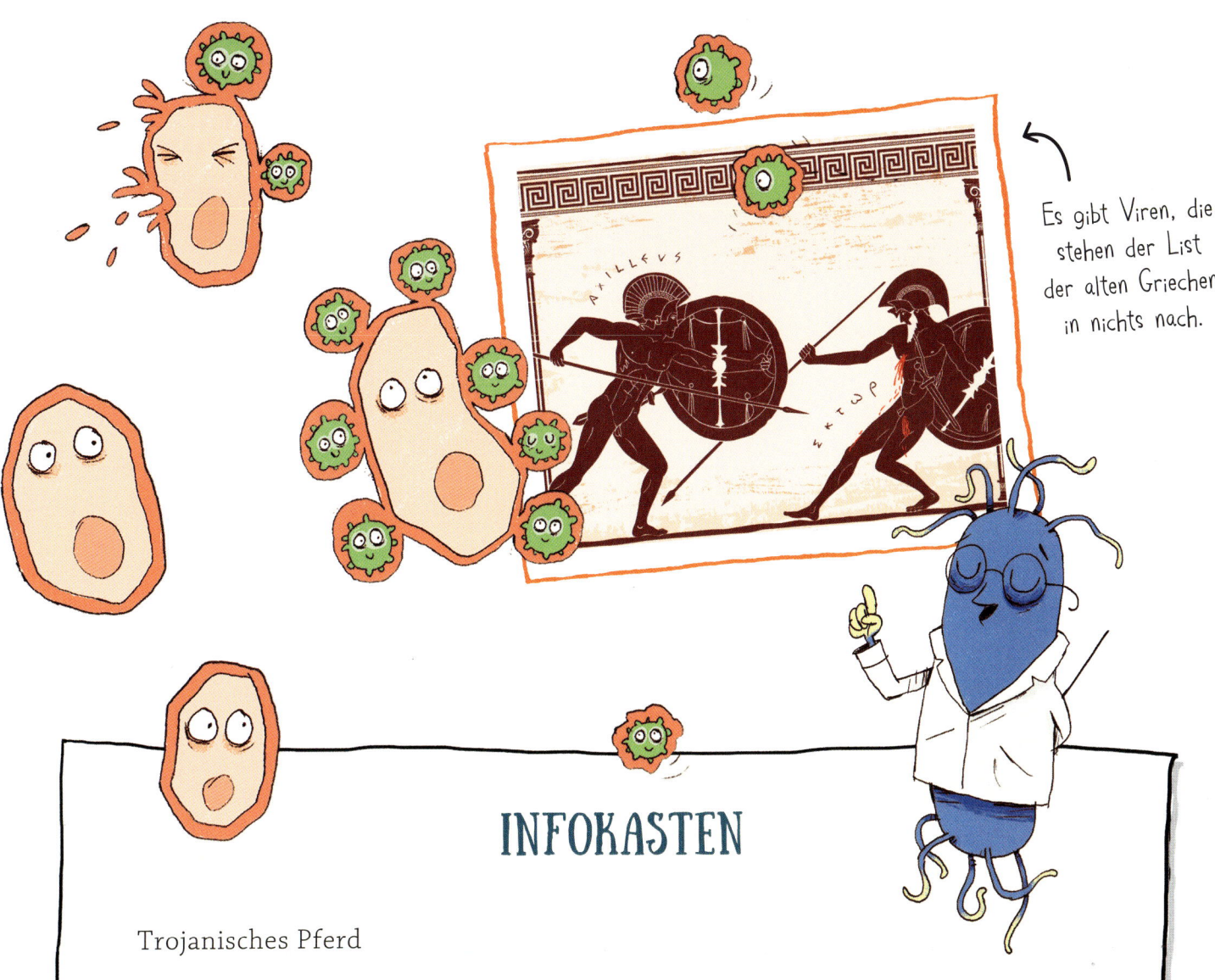

Es gibt Viren, die stehen der List der alten Griechen in nichts nach.

INFOKASTEN

Trojanisches Pferd

Beim Trojanischen Pferd handelt es sich um eine alte griechische Legende. Nachdem die Griechen viele Jahre erfolglos gegen die Stadt Troja gekämpft hatten, dachten sie sich einen Trick aus. Sie bauten ein großes hölzernes Pferd, versteckten darin einige Soldaten und taten so, als würden sie aufgeben und nach Hause segeln. Die Trojaner glaubten natürlich, sie hätten die Belagerung überstanden. Vermutlich aus Neugier schleppten sie das vermeintlich ungefährliche Pferd in ihre Stadt. In der Nacht geschah das Unausweichliche: Die Soldaten kletterten heimlich aus dem Pferd heraus und öffneten dann für ihre zurückgekehrten Kameraden das Stadttor. Nun konnte Troja doch noch eingenommen werden. Seit jener Zeit bezeichnet man diese Art von Kriegslist als ein Trojanisches Pferd.

VERMEHRUNG UND ÜBERTRAGUNGSWEGE

Viren können eigentlich nur eins: Zellen besetzen und diese dazu bringen, die Viren zu vermehren. Sie sind so gefährlich, weil die Zellen dann nicht mehr das tun, was sie eigentlich sollen. Dadurch entstehen Krankheiten.

Viren können uns nicht aktiv attackieren wie eine Mücke oder Zecke, sondern wir sind immer beteiligt, wenn es darum geht, ein Virus zu bekommen. Im einfachsten Fall atmen wir ein Tröpfchen ein, in dem sich Virionen befinden. Forscher haben in den letzten 200 Jahren keine Mühen gescheut, um die Übertragungswege zu verstehen. Ihnen war klar: Die beste Möglichkeit, sich vor einer Ansteckung zu schützen, ist, den Übertragungsweg zu unterbrechen.

Und die Forscher haben viel herausgefunden, beispielsweise, dass Schnupfen, Husten, Grippe, Röteln, Mumps, Windpocken, Ringelröteln, Dreitagefieber und Masern durch Tröpfchen übertragen werden. Diese gelangen an unseren Mund, die Nase oder die Augen und machen uns krank. Andere Krankheiten wie Ebola, Kinderlähmung, Hepatitis (A, B und E) und Tollwut werden dagegen durch Kontaktinfektion, oft auch Schmierinfektion genannt, übertragen. Dies geschieht zum Beispiel über Körperflüssigkeiten wie Schleim, Blut oder Stuhlgang. Bei der Tollwut bringt der Biss eines Tieres die **Keime** direkt in den Körper, bei anderen Krankheiten reicht manchmal schon eine Berührung. Unsere Haut hat oft kleine Verletzungen, die wir gar nicht sehen. Durch diese Wunden gelangen die Keime in unseren Körper. Haben wir schmutzige Hände, mit denen wir uns am Auge oder dem Mundwinkel kratzen, kann es schon passiert sein. Es gibt aber auch Krankheiten wie HIV oder Hepatitis B und C, die durch direkten Blut- oder Schleimhautkontakt übertragen werden. Dies kann durch eine Bluttransfusion, also eine Übertragung von Blut eines Menschen auf einen anderen, oder beim Geschlechtsverkehr passieren. Auch blutsaugende Insekten können Viren übertragen. Ein Beispiel dafür hast du bereits kennengelernt: Es ist das FSME-Virus, das von Zecken übertragen wird und eine Gehirnhautentzündung auslösen kann.

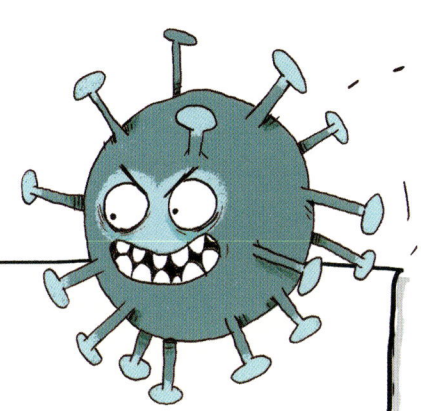

INFOKASTEN 1

Einen besonderen Übertragungsweg nimmt die Kusskrankheit, auch Pfeiffer-Drüsenfieber genannt. Sie wird vom Epstein-Barr-Virus (EBV) verursacht. Wer davon erwischt wird, bekommt Fieber und grippeähnliche Symptome und unter den Achseln oder am Hals liegende Drüsen können dick werden, daher auch der Name. Die Krankheit kann sich über Wochen hinziehen und manchmal sehr unangenehm sein. Sie ist aber nicht weiter gefährlich. Besonders betroffen sind Jugendliche nach der Pubertät, denn dann geht das mit dem Geknutsche los, deshalb die Bezeichnung Kusskrankheit. Überleg mal, zu welchem der beschriebenen Übertragungswege das Virus gehört und was du tun kannst, um die Krankheit nicht zu bekommen. (Antwort auf Seite 178)

← Einfache Hygiene wirkt, denn es gibt nicht viele Infektionswege.

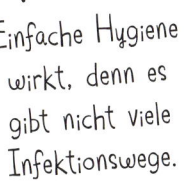

IM REICH DER MIKROBIOLOGIE

Natürlich werden nicht nur wir Menschen von Viren attackiert, auch Pflanzen und Tiere sind betroffen. Sogar winzige Bakterien werden von Viren befallen. Wenn du dir unten das Bild mit dem Pantoffeltierchen, dem Bakterium und den Viren ansiehst, dann hast du ungefähr eine Vorstellung davon, wie groß all diese Winzlinge sind.

Bakteriophagen, also Viren, die Bakterien befallen, haben sich noch einen ganz besonderen Trick der Vermehrung ausgedacht: Während ihre Opfer gerade kräftig wachsen, bewahren die Viren Geduld. Sie warten so lange, bis sich das Bakterium teilt (siehe Kapitel *Das Leben von Bakterien*), und schon sind zwei Bakterien infiziert. Aus zweien werden vier, aus vier werden acht, aus acht werden 16 usw. Ohne Risiko und Anstrengungen werden die Viren bei der Teilung der Bakterien einfach mit vermehrt. Die Wissenschaftler nennen diese Art der Virusvermehrung übrigens den **lysogenen Zyklus**. Haben die Bakterien nichts mehr zu essen und hören auf, sich zu teilen, hat die Stunde der Viren geschlagen: Sie übernehmen die Zelle und bringen sie dazu, mit letzter Kraft weitere Viren zu produzieren und Kapseln für sie zu bauen. Die Wissenschaftler nennen diese Art der Virusvermehrung den **lytischen Zyklus**.

Alle Lebewesen haben mit Viren zu kämpfen.

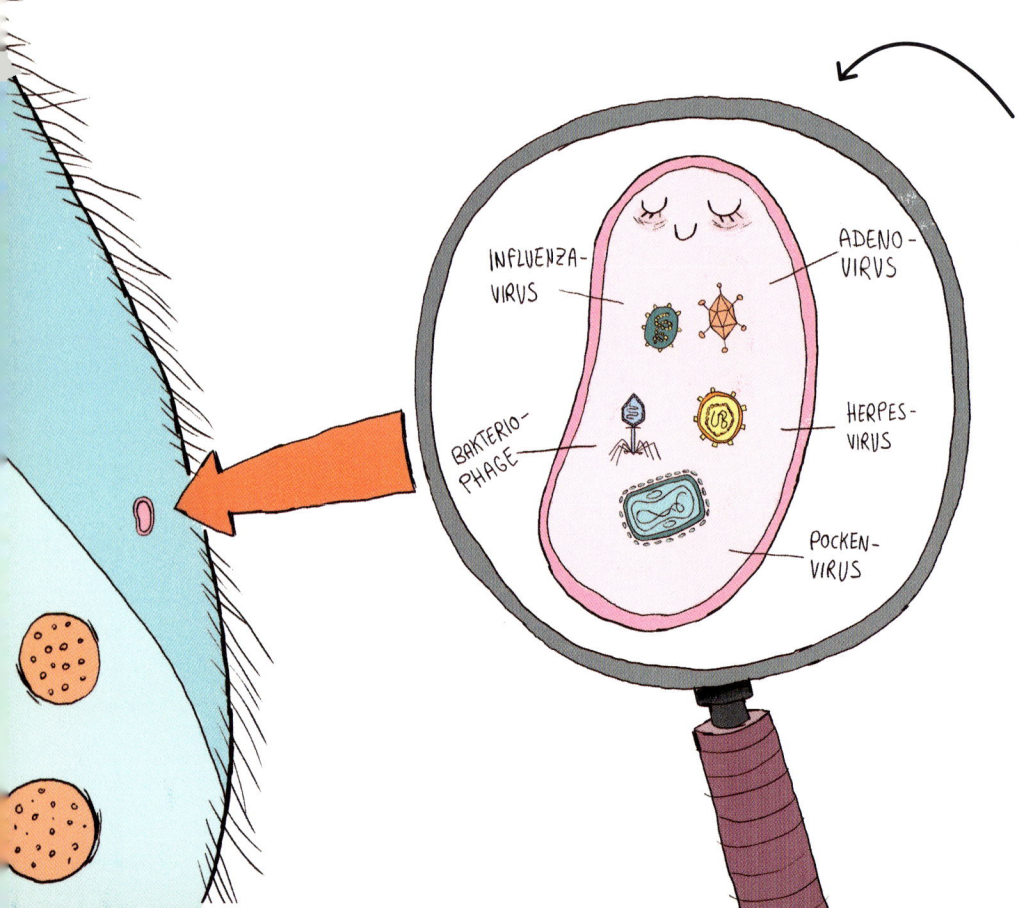

Links siehst du ein Pantoffeltierchen, ein winzig kleines einzelliges Lebewesen, das es sogar im Wasser einer Blumenvase gibt. Daneben im Größenvergleich eine Bakterie – in der Lupe erkennst du die verschiedenen Viren.

INFOKASTEN 2

Namen von Viren

Vielleicht hast du dich schon gefragt, wie die komischen Namen von Viren entstehen. Normalerweise haben alle Lebewesen einen Doppelnamen. Wie du sicher schon weißt, heißen wir Menschen *Homo sapiens*. *Homo* steht für die Gattung und *sapiens* für die Art. Die Ohrenqualle, die du vielleicht von der Ostsee kennst, hat den schönen Namen *Aurelia aurita*. Bakterien haben auch solche Doppelnamen, Viren aber nicht. Sie werden meist nach dem Organismus benannt, den sie befallen. Das Lagos-Fledermausvirus, auf Englisch *Lagos Bat Virus*, heißt schlicht *LBV*. Das Virus, das die Blattrollkrankheit (siehe Bild) bei der Kartoffel verursacht, heißt *Potato leafroll virus*, also *PLRV*. Unser gefürchtetes Coronavirus heißt *severe acute respiratory syndrome coronavirus 2* (auf Deutsch: schweres akutes Atemwegssyndrom Coronavirus 2), kurz *SARS-CoV-2*. Es gibt aber auch Viren, die nach ihren Entdeckern benannt wurden, zum Beispiel das Epstein-Barr-Virus. Es löst die Kusskrankheit aus, wie du im Infokasten auf Seite 23 lesen kannst.

Bei der Blattrollkrankheit der Kartoffel rollen sich die Blätter charakteristisch ein. Ein Bauer erkennt sofort die Wirkung des Virus.

VIREN ALS FREUNDE

Früher hat man Viren nur für Parasiten und Schmarotzer gehalten. In der Vorstellung der Forscher gab es ein ständiges Wettrüsten zwischen Virus und Wirt. Heute haben wir die Natur besser verstanden und entdecken viele positive Eigenschaften von Viren. Wir müssen sogar zugeben, dass es das Leben, wie wir es kennen, ohne Viren nicht geben würde (siehe Kapitel *Die Entstehung des Lebens*).

Was du jetzt lesen wirst, ist wirklich ein bisschen brutal, aber eine echte Sensation! Vielleicht hast du schon einmal gehört, dass es **parasitäre** Wespen gibt. Sie legen ihre Eier in die Raupen von Schmetterlingen. Dort schlüpfen die Wespenlarven aus den Eiern und fressen die arme Raupe von innen auf. Sind die Larven groß genug, bohren sie sich durch die Haut ihres Opfers und die Raupe stirbt. So weit der unschöne und eklige Teil.

Normalerweise dürfte so etwas aber gar nicht passieren. Denn das Immunsystem (siehe Kapitel *Immunsystem*) der Schmetterlingsraupe müsste sofort die Eier als Eindringlinge erkennen und töten. Die Wissenschaftler wollten daher wissen, warum das nicht passiert. Ihre Neugierde zahlte sich aus: Sie entdeckten ein Virus, das die Wespe verwendet, um das Immunsystem der Raupe auszuschalten. Mehr noch – die Viren sorgen dafür, dass die Raupen spezielle Nahrung für die Wespenlarven produzieren.[4] So unfair und moralisch verwerflich die ganze Sache auch klingt, Natur funktioniert manchmal so.

INFOKASTEN 1

Viren als biologische Waffe gegen Nahrungskonkurrenten

Vor einigen Jahren beobachteten wir im New Yorker Central Park fasziniert freundliche Grauhörnchen, die scheinbar überhaupt keine Scheu vor Menschen hatten und uns mit ihren neugierigen kleinen Knopfaugen interessiert ansahen. Vermutlich ging es irgendwann mal jemandem genauso und er hat ein oder zwei der putzigen Tierchen mit nach England gebracht. Das war keine gute Idee, denn die Grauhörnchen verbreiteten sich dort in Windeseile und vertrieben die einheimischen roten Eichhörnchen. Zunächst glaubte man, dass sich die Grauhörnchen dank ihrer Körpergröße durchsetzten. Doch dann stellte sich heraus, dass sie eine tödliche Krankheit auf die einheimischen Eichhörnchen übertrugen: das Parapox-Virus. Es räumte den Fremdlingen den Weg frei, die Grauhörnchen selbst sind **immun** gegen die Krankheit.[5]

Grauhörnchen übertragen eine für sie ungefährliche, aber für Eichhörnchen tödliche Krankheit. Im Konkurrenzkampf um Nahrung ein riesiger Vorteil.

Aber es geht noch weiter: Genau genommen gäbe es uns Säugetiere gar nicht, wenn uns nicht ein ähnlicher Trick geholfen hätte. Du weißt sicher schon, dass die allermeisten Tiere Eier legen. Wir als Menschen hingegen gehören zu den Säugetieren, d. h. unsere Babys wachsen im Bauch der Mutter heran. Doch ob du es uns glaubst oder nicht: Verantwortlich dafür sind Viren!

Im Kapitel *Immunsystem* erklären wir dir, wie dein Körper sich gegen Krankheitserreger wehrt. Er entdeckt nämlich Eindringlinge, weil diese nicht als Zellen deines Körpers, also körpereigene Zellen, markiert sind. Dies ist aber für Babys, wenn sie noch ganz winzig sind und nur aus wenigen Zellen bestehen, ein Problem: Diese Zellen sind nämlich keine körpereigenen Zellen der Mutter. Jede einzelne Zelle ist ein Gemisch, das bei der Befruchtung der weiblichen Eizelle mit der männlichen Samenzelle entstanden ist. Etwa eine Woche nach der Befruchtung möchte sich dieser kleine Zellhaufen in der **Gebärmutter** einnisten. Dazu muss das Gewebe des Babys mit dem Gewebe der Mutter verwachsen. Erst dann kann der Embryo, so nennen wir Babys vor der Geburt, mit Nahrung und Sauerstoff versorgt werden. Doch eigentlich würde das Gewebe der Mutter den Embryo als Fremdkörper erkennen und abstoßen. Ganz ähnlich wie bei den Wespenlarven helfen dem Embryo auch Viren, die wir in unser Erbgut integriert haben: Sie tricksen einfach die Abwehr der Mutter aus. Daher vermuten Forscher, dass die Entstehung der Säugetiere nur mithilfe von Viren möglich war.[6]

Sind solche Effekte bekannt, kann man sie natürlich prima nutzen. Du hast bestimmt schon mal etwas von **Krebs** gehört. Krebs ist die zweithäufigste Todesursache bei uns Menschen und ein Sammelbegriff für verschiedene schreckliche Krankheiten, bei denen es immer das gleiche Problem gibt: Die eigenen Körperzellen beginnen, sich völlig von allein zu teilen, und wachsen einfach sinnlos drauflos. Forscher erhoffen sich daher auch beim Kampf gegen Krebs Hilfe von Viren. Wäre es nicht toll, wenn man ein Virus so programmieren könnte, dass es nur Krebszellen angreift? Darüber hinaus sollen Viren auch nützliche Gene in Zellen transportieren und so angeborene Krankheiten endgültig heilen. Die Winzlinge haben es ganz schön in sich.

INFOKASTEN 2

Wir Menschen sind ein bisschen Virus ...

Im Jahr 2000 wurde der genetische Code, also der Bauplan, des Menschen vollständig entschlüsselt. Wir kennen jetzt die Reihenfolge der einzelnen Kettenglieder (Basenpaare, es gibt vier, man nennt sie Adenin, Guanin, Cytosin und Thymin), aber wir wissen noch lange nicht, was alles bedeutet. Überrascht waren die Forscher, als sie feststellten, dass mindestens 8 % des menschlichen **Genoms** von Viren stammen[7] und dass die Erbinformationen der Viren, ganz ähnlich wie bei der Einnistung der Embryonen, auch heute noch wichtige Funktionen in unserem Körper haben.[8]

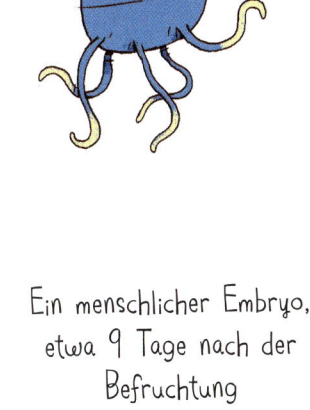

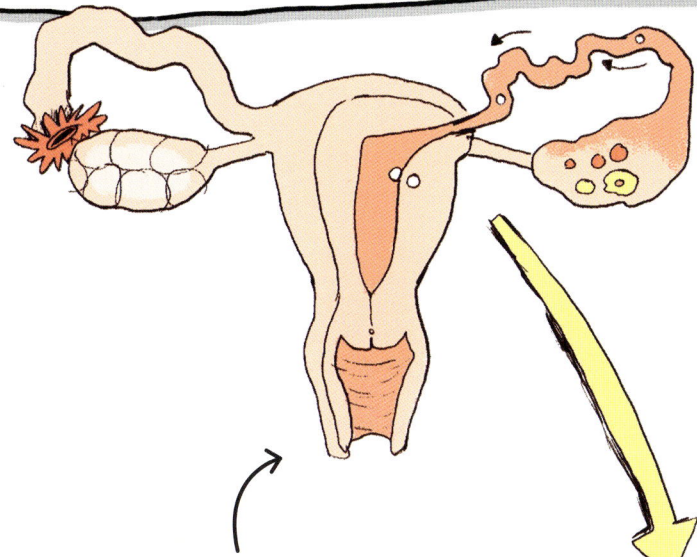

Die Gebärmutter im Bauch von Säugetieren ist eine geniale Erfindung, denn sie versorgt die Embryonen mit allem, was sie brauchen. Aber ohne die Hilfe der Viren könnten sich die Embryonen in der Gebärmutter nicht einnisten und es gäbe keine Säugetiere.

Ein menschlicher Embryo, etwa 9 Tage nach der Befruchtung

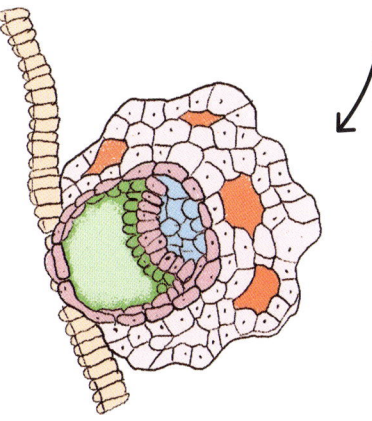

IM REICH DER MIKROBIOLOGIE

BAKTERIEN

Gefährlich, genial konstruiert und unsagbar wichtig

Wir lieben Bakterien! Sie sind lecker und supergesund, am liebsten essen wir sie lebend und gleich morgens zum Frühstück. Auch unsere beiden Jungs sind begeisterte Bakterienesser. Aber nicht nur das, wir züchten sie sogar, um sie später als Wertstoff zu verschenken. Damit sind wir nicht allein, du machst das auch! Doch dazu später im Kapitel *Unsere Freunde und wie wir zusammenleben*. Ohne Bakterien wären wir alle arm dran und krank. Du glaubst uns nicht? Dann lies einfach weiter.

Vermutlich denkst du bei Bakterien zuerst an Krankheiten. Kinderkrankheiten wie **Scharlach** oder **Keuchhusten** werden zum Beispiel von Bakterien ausgelöst. Doch tatsächlich sind 99,99 % aller Bakterien für uns Menschen völlig ungefährlich, genau genommen könnten wir ohne Bakterien überhaupt nicht leben.

Hast du eigentlich schon mal eine Bakterie gesehen? Natürlich nicht, denn du weißt ja, dass Bakterien so klein sind, dass man sie mit bloßem Auge nicht erkennen kann. Aber tatsächlich siehst du jeden Tag unzählige Bakterien – zum Beispiel in der Toilette. Dein Stuhlgang besteht zur Hälfte aus Bakterien. Pro Gramm können dort 100 Milliarden Bakterien drin sein, das sind zehnmal mehr als Menschen auf der ganzen Erde! Unglaublich, oder? Achtung, nun darfst du dich wirklich nicht ekeln, aber an und in dir leben mehr Bakterien als Körperzellen.[9]

Diese kleinen Wesen halten aber auch sonst einige Überraschungen bereit. Zum Beispiel sind es im Verhältnis zu ihrer Körpergröße die schnellsten Lebewesen auf unserem Planeten und die einzigen, die überleben würden, wenn unsere Sonne nicht mehr scheint. Bis vor Kurzem glaubte man sogar, dass Bakterien nicht altern. Wenn sie keiner tötet und sie alles haben, was sie brauchen, könnten sie theoretisch ewig leben. Doch schauen wir uns zunächst an, wie die kleinen Wesen aussehen und wie sie gebaut sind.

Das vielleicht wichtigste Unterscheidungskriterium wird mit einem Trick unter dem Mikroskop sichtbar: Bakterien mit einer dicken Zellwand lassen sich nämlich prima mit einem Farbstoff anfärben. Den hat ein gewisser Hans Christian Gram entdeckt.❶

INFOKASTEN

Bakterien können ganz unterschiedlich aussehen: rund, stäbchenförmig oder sie erinnern an Schraubengewinde. Sie haben unterschiedliche Namen:

- Die runden oder auch ovalen heißen *Kokken*: Sie treten einzeln auf oder lagern sich zu brötchenähnlichen Pärchen, als Vierer- oder Achtergruppen, als traubenartige Haufen oder als Ketten zusammen.

- *Stäbchen*: Stäbchenförmige Bakterien können rundlich oder schlank aussehen, die Enden sind entweder spitz, abgerundet oder beinahe rechteckig.

- *Schraubenförmige Bakterien*: Sie sind schraubenförmig gewunden und an der Art, wie sie gewunden sind, kann der Fachmann oft sogar die biologische Art erkennen

❶ Der dänische Bakteriologe Hans Christian Gram (1853–1938) entdeckte eine Färbetechnik, mit der man die Zellwände von Bakterien sichtbar machen kann.

IM REICH DER MIKROBIOLOGIE

BAKTERIUM IST NICHT GLEICH BAKTERIUM

Das mit der Zellwand ist übrigens etwas ganz Besonderes! Grundsätzlich sind alle Zellen von einer dünnen, flexiblen Membran umgeben, der Zellmembran (siehe Kapitel *Die Entstehung des Lebens*). Im Gegensatz zu Pflanzen und Pilzen haben Tiere und Menschen keine zusätzliche Zellwand. Das wäre auch unpraktisch, denn dann könnten wir uns nicht mehr bewegen. Eine Zellwand ist nämlich eine stabile Angelegenheit. Holz besteht zum Beispiel nur aus Zellwänden, die eigentlichen Zellen, die die Zellwände gebaut haben, sind tot und verschwunden. Alle GRAM-positiven Bakterien haben eine dicke Zellwand. Im Kapitel *Medikamente* wirst du erfahren, wie sich Ärzte dies im Kampf gegen Krankheiten zunutze machen.

Außer der Zellwand und der Zellmembran gibt es noch das ringförmige Chromosom mit der DNA. Im Gegensatz zu Pilzen, Pflanzen und Tieren ist die DNA von Bakterien nicht geschützt in einem Zellkern.

Doch was ist noch so drin in einem Bakterium? Da gibt es noch die sogenannten **Ribosomen**. Sie lesen den genetischen Code der DNA und bauen neue Proteine. Darüber hinaus gibt es noch Einstülpungen der Zellmembran und manchmal kleine Bläschen. Im Vergleich zu Pilzen, Pflanzen und Tieren ist in Bakterienzellen aber verhältnismäßig wenig drin.

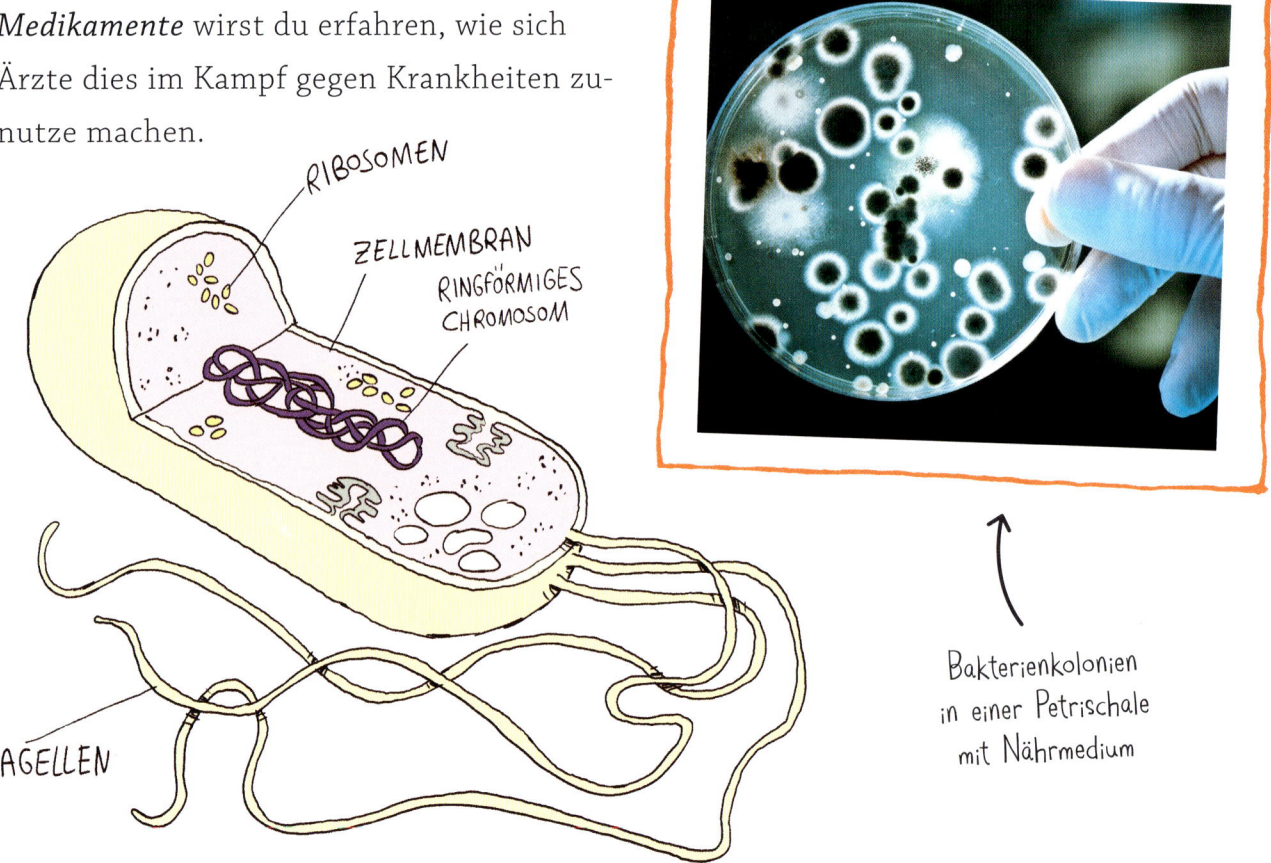

Bakterienkolonien in einer Petrischale mit Nährmedium

INFOKASTEN

Einteilung und Namen

Nehmen wir das Bakterium *Helicobacter pylori* als Beispiel. Dieses Bakterium ist ein schlimmer Krankheitserreger. Viele Menschen haben ihn, werden aber zum Glück nicht krank. Doch andere bekommen eine Magenentzündung und manchmal sogar Magenkrebs. Unsere Freundin Sina Bartfeld ist Forscherin und seit ihrer Doktorarbeit erforscht sie dieses Bakterium. Ihr Vater ist an Magenkrebs gestorben und Katrins Bruder hat die zerstörerische Wirkung dieses Bakteriums nur knapp überlebt.

Ebenso wie Tiere, Pflanzen und Pilze bilden die Bakterien eine große **Domäne**. Helicobacter pylori gehört zu:

- Abteilung: Proteobacteria
- Klasse: Epsilonproteobacteria
- Ordnung: Campylobacterales
- Familie: Helicobacteraceae
- Gattung: Helicobacter
- Art: Helicobacter pylori

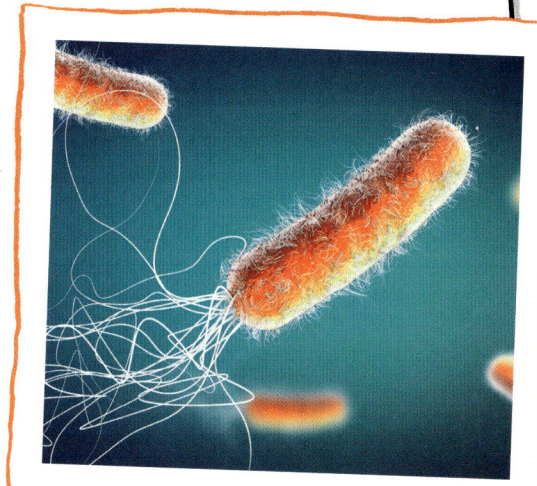

Weltweit ist jeder Zweite mit Helicobacter pylori infiziert. Zum Glück kommt es nur bei wenigen zu einer schweren Erkrankung.

Bei uns Menschen sieht das übrigens so aus:

- Unterstamm: Vertebrata (Wirbeltiere)
- Klasse: Mammalia (Säugetiere)
- Ordnung: Primates (Primaten)
- Familie: Hominidae (Menschenaffen)
- Gattung: Homo
- Art: Homo sapiens

Für Wissenschaftler ist eine solche Einteilung extrem wichtig. Denn diese Verwandtschaftsverhältnisse sind immer auch mit bestimmten Fähigkeiten oder Eigenschaften verbunden und somit auch eng mit den Krankheiten.

DAS LEBEN VON BAKTERIEN

Bakterien bestehen nur aus einer Zelle und wachsen nicht wie wir. Haben sie ihre vorbestimmte Größe erreicht, wachsen sie nicht einfach weiter, sondern teilen sich in zwei fast identische Zellen. Wenn sie gute Lebensbedingungen haben, könnten sie theoretisch unsterblich sein, denn sie würden sich immer weiter teilen. Alle heute existierenden Bakterien wären somit so alt wie das Leben selbst. Neue Forschung hat aber gezeigt, dass selbst Bakterien altern. Bei einer Teilung gibt es immer ein Original und eine Kopie: Teilt sich das Original ein zweites Mal, gibt es wieder ein Original und eine Kopie und so fort. Das Original kann sich aber nicht unbegrenzt teilen, und so kennen selbst Bakterien schon einen eingebauten Tod.

Für viele Bakterien sind wir ein gemütlicher Platz. Bei uns ist es warm, schön feucht und es gibt Nahrung in Hülle und Fülle. Mit anderen Worten: Wir sind ein perfekter Lebensraum für Bakterien. Aus diesem Grund leben wir auch eng mit ihnen zusammen und es gibt mehr Bakterien an und in uns, als wir eigene Zellen haben (mehr dazu im Kapitel *Mikrobiom – unsere Freunde*). Doch es gibt auch Bakterien, die es noch nicht gelernt haben, vernünftig mit uns zusammenzuleben. Ohne dass sie es wollen, schädigen sie ihren eigenen Lebensraum und sägen somit an dem Ast, auf dem sie sitzen. Diese Bakterien nennen wir Krankheitserreger. Ein Freund sagte mal zu uns, dass wir Menschen Krankheitserreger unseres Planeten sind. Irgendwie hat er damit recht, denn auch wir schädigen unseren Lebensraum und haben uns noch nicht so gut an die Erde angepasst, dass wir mit ihr in einem Geben und Nehmen zusammenleben.

Bakterien sind nicht böse, wenn sie Krankheiten verursachen. Die entstehen nur, wenn die Bakterien sich noch nicht an uns angepasst haben.

Genauso wie bei den Viren kommen Bakterien über vier verschiedene Wege in unseren Körper:

- über die Luft durch Tröpfchen (z. B. **Tuberkulose**; Mittelohr- oder Lungenentzündung durch Pneumokokken; **Legionärskrankheit**)

- über eine Kontaktinfektion durch den Mund (z. B. **Typhus**, eine durch **Salmo-**

nellen verursachte Magen-Darm-Entzündung, die zu Durchfall führt)

- über Blut und Geschlechtsverkehr (z. B. die Geschlechtskrankheiten **Tripper** und **Syphilis**)

- über Insekten und sogar von Spinnen (wie z. B. die von Zecken übertragenen Krankheiten Borreliose und FSME)

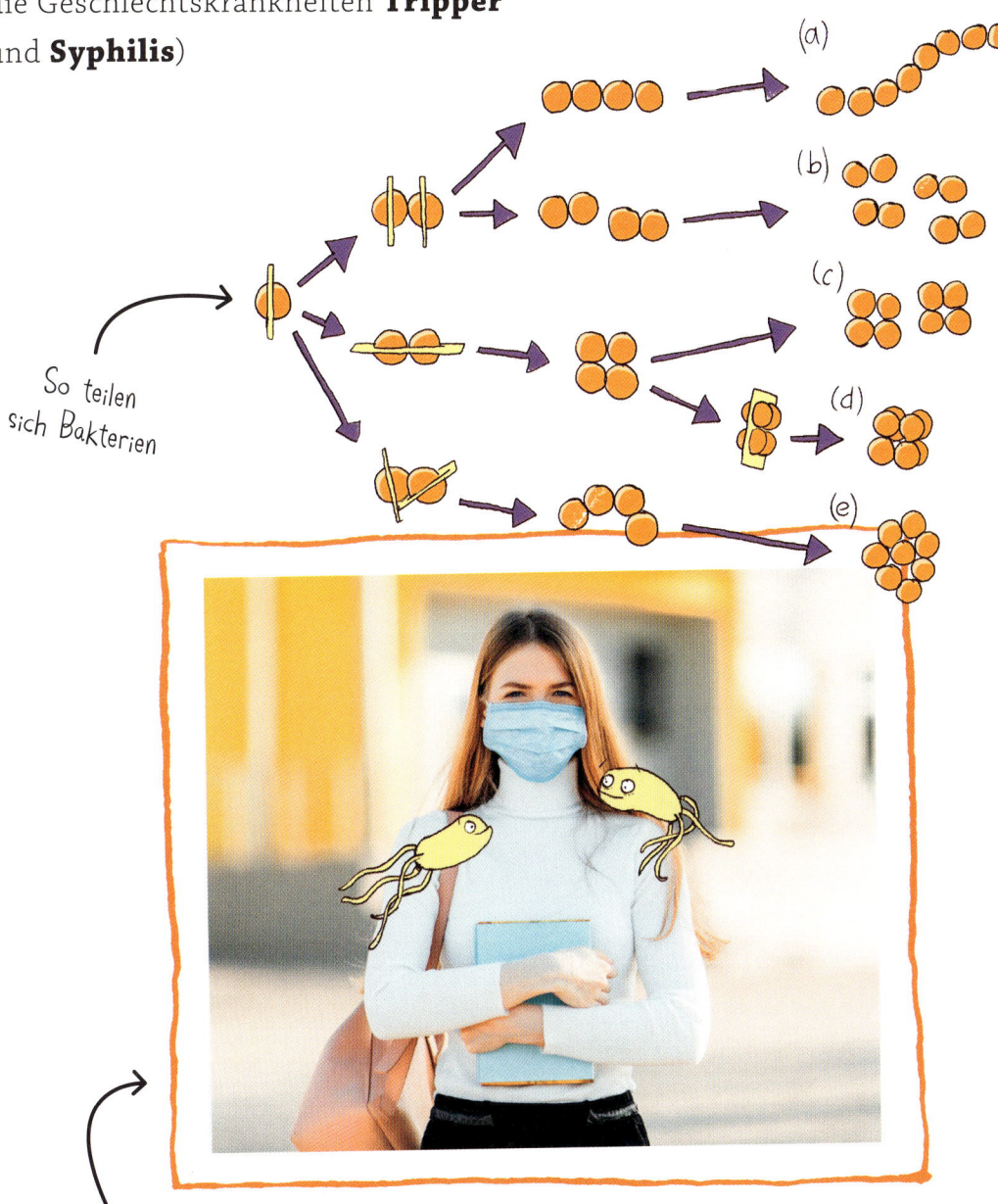

So teilen sich Bakterien

Die Mund-Nasen-Maske ist ein effektiver Schutz, denn sie filtert nicht nur die meisten Erreger aus der Ein- und Ausatemluft, sondern verhindert auch, dass unsere Hände Keime zu unseren Schleimhäuten in Mund und Nase übertragen.

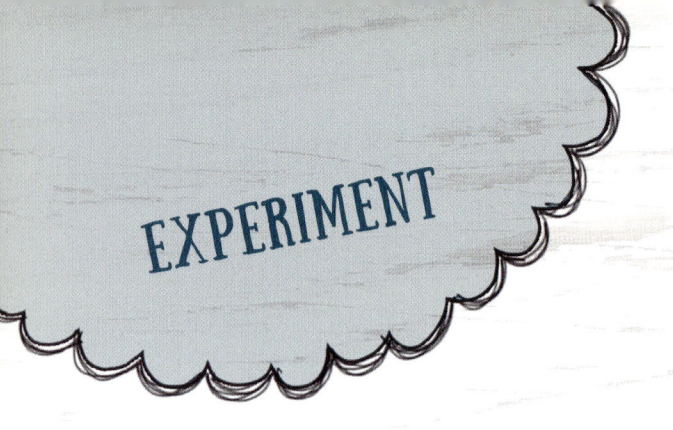

EXPERIMENT

Unter idealen Bedingungen braucht die Darmbakterie *Escherichia coli* gerade einmal 20 Minuten, um sich zu teilen. Rechne doch mal aus, wie viele Bakterien an einem Tag aus einem Bakterium entstehen. Die Antwort findest du auf Seite 178. Im Kapitel *Zeitreise in die Entdeckungsgeschichte* findest du Interessantes zu großen und kleinen Zahlen, das hilft dir bestimmt bei der Lösung.

Wenn du die Antwort weißt, kannst du auch ausrechnen, wie hoch das Gewicht aller entstandenen Bakterien ist. Ein Bakterium wiegt übrigens ca. 1 Pikogramm (pg). Nur zur Info: 1 Kilogramm (kg) hat 1.000.000.000.000.000 Pikogramm (pg).

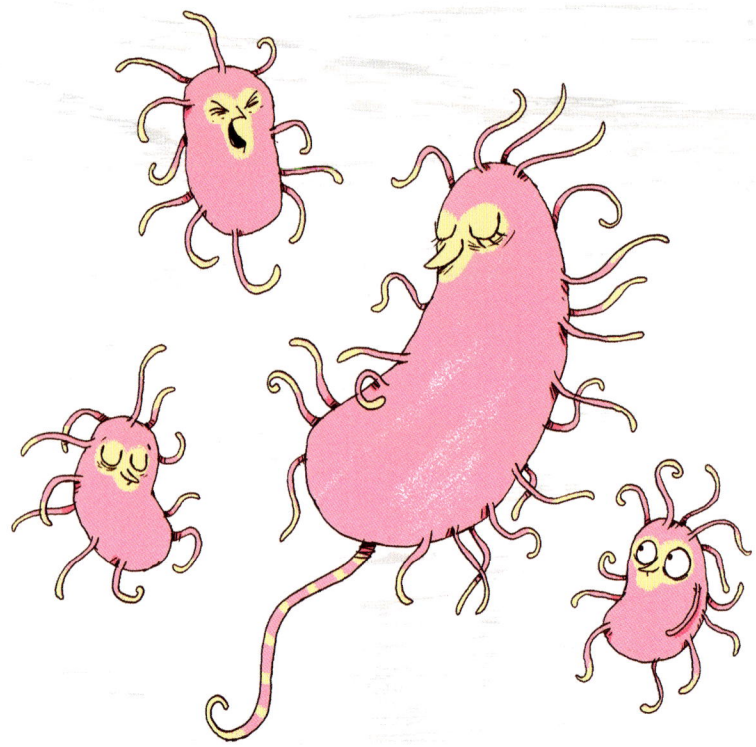

Schauen wir uns kurz an, was zwischen uns und den Bakterien schiefgehen kann. Wenn du zum Beispiel im Garten spielst und dich aus Versehen an etwas Scharfem schneidest oder dir einen Splitter in die Haut rammst, dann kommen unzählige Sporen (siehe Infokasten auf Seite 38) mit in deinen Körper. Sporen sind übrigens eine geniale Erfindung der Natur, denn manche Bakterien können sie bilden, wenn es ihnen ungemütlich ist oder sie keine Nahrung mehr haben. Für uns sind Sporen sehr gefährlich, denn wir können uns kaum vor ihnen schützen. Auch wenn du den Splitter rausziehst, nützt das nichts, denn die Sporen sind schon längst in dir drin. Eine dieser Bakterien, die mit ihren Sporen praktisch überall vorkommt und die du bei jeder kleinen Verletzung abbekommst, ist *Clostridium tetani*, der Erreger einer Krankheit namens Wundstarrkrampf. Diese Krankheit ist furchtbar schmerzhaft und oft sogar tödlich. Das Gefährliche sind nicht einmal die Bakterien selbst, denn sie dringen zwar in unseren Körper ein, aber nicht in unsere Zellen. Das Gefährliche für uns ist eines ihrer Abfallprodukte, das sogenannte Tetanustoxin. Es ist giftig und schädigt die Nervenzellen unserer Muskeln, sodass diese einen Krampf bekommen und sich permanent anspannen. Aus diesem Grund sind früher viele Menschen schon an kleinen Verletzungen gestorben, heute gibt es zum Glück eine vorbeugende Impfung. Kannst du dir vorstellen, dass diese Impfung aber gar nicht gegen die Bakterien wirkt? Lies dazu das Kapitel *Impfung* und überleg dir, wie die Tetanusimpfung funktionieren könnte. Die Antwort findest du auf Seite 178. Du musst die Impfung übrigens alle zehn Jahre auffrischen lassen, denn die Gedächtniszellen deines Immunsystems funktionieren nicht so lange.

Der Wundstarrkrampf ist eine furchtbare Krankheit, bei der sich die Muskeln der Erkrankten so stark anspannen, dass sie keine Luft mehr bekommen und sterben.

INFOKASTEN 1

Sporen werden von Bakterien als eine Art Überlebenskapsel gebildet. Es sind kleine „Körper", in denen nur die wichtigsten Dinge, wie die Erbinformation und ein paar Ribosomen, fest eingeschlossen sind. Trocknet nun das Bakterium ein, so stört das die Spore überhaupt nicht – sie wird vom Wind verweht und liegt einfach irgendwo rum. Kommt sie dann mit einem Splitter in die Haut oder wird eingeatmet, trifft sie auf günstige Lebensbedingungen und bildet wieder ein neues Bakterium. Die älteste wiederbelebte Spore (*Bacillus permians*) stammt übrigens aus einer Höhle bei Carlsbad (New Mexico). Sie war ca. 250 Millionen Jahre alt.

Hier versprüht ein Bovist eine Wolke aus Sporen. Treffen diese auf günstige Lebensbedingungen, dann wächst dort ein neuer Pilz.

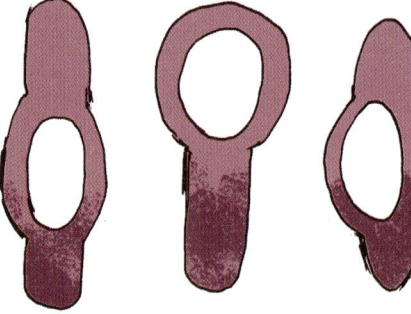

So sieht die Entstehung von Sporen bei verschiedenen Bakterien aus. In dem Kreis in der Mitte ziehen sich alle überlebenswichtigen Stoffe zusammen und bilden die Spore.

Bakterien haben sogar ein Sozialleben. Das brauchen sie auch, denn sie haben ein großes Problem: Sie haben keine Zähne und können daher nichts abbeißen. Das bedeutet, dass sie nur ganz kleine Nahrungspartikel aufnehmen können. Sie müssen ihr Futter also außerhalb ihres Körpers verdauen. Das machen sie mit aggressiven chemischen Verbindungen, sogenannten Enzymen. Diese sind dazu in der Lage, Nahrung in ihre ursprünglichen Bestandteile zu zerlegen. Manche Spinnen und Fliegen machen das übrigens ähnlich. Wie gut das klappt, hängt davon ab, wie viele Enzyme da sind. Du kannst dir sicher vorstellen, wie schnell sich diese Enzyme in der Umgebung verdünnen: Das ist ungefähr so, als würdest du einen Tropfen Tinte in eine Badewanne geben. Nach ein paar Sekunden würdest du von der Farbe nichts mehr sehen. Aus diesem Grund haben einzelne Bakterien kaum eine Chance, sich auszubreiten, und versuchen deshalb immer, als Gemeinschaft zu agieren. Eine typische Gemeinschaft lebt zum Beispiel in den Abflussrohren deines Wohnhauses. In den Rohren bilden die Bakterien eine Art Schleim an der Oberfläche der Rohre, er wird auch als Biofilm bezeichnet. Dieser Schleim kann irgendwann so dick sein, dass kaum noch Wasser abfließt. Karsten muss darum bei uns alle paar Jahre die Rohre reinigen, was ziemlich eklig sein kann.

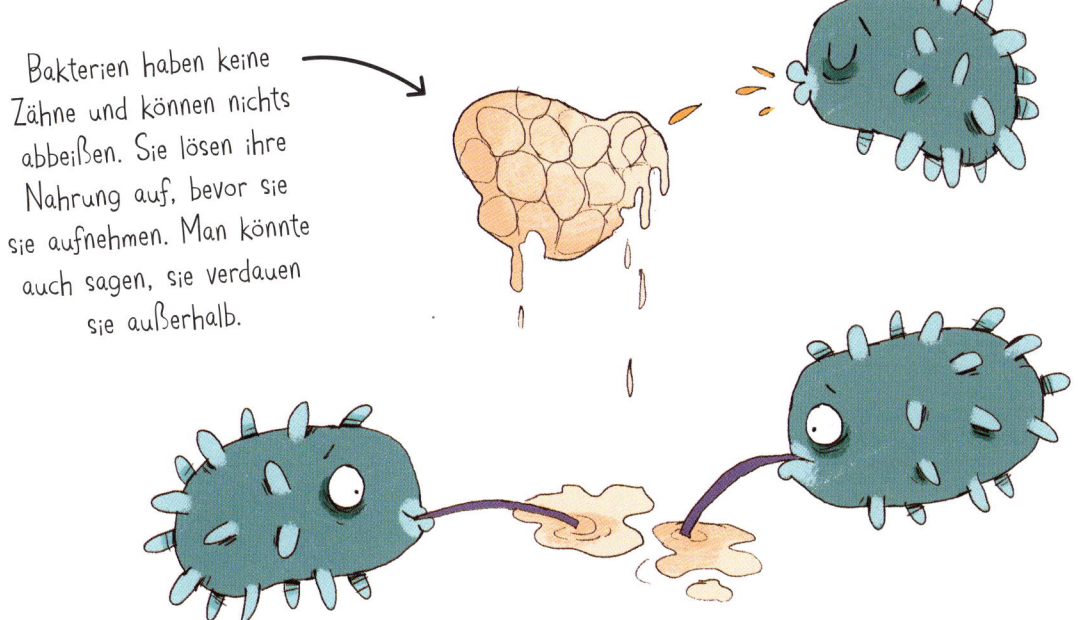

Bakterien haben keine Zähne und können nichts abbeißen. Sie lösen ihre Nahrung auf, bevor sie sie aufnehmen. Man könnte auch sagen, sie verdauen sie außerhalb.

Achtung: In diesem Buch haben Bakterien, Viren und Pilze lustige Gesichter mit Augen, Nasen, Ohren und Münder mit Zähnen. In Wirklichkeit stimmt das natürlich nicht, aber so sieht es lustiger aus.

IM REICH DER MIKROBIOLOGIE

Du hast ja schon erfahren, dass sich Bakterien hervorragend durch Teilung vermehren können. Dieser Vorgang hat aber einen extremen Nachteil, denn im Prinzip handelt es sich bei jedem Bakterium um eine Kopie des gleichen Organismus. Stell dir vor, dich gäbe es zweimal oder gar vier- oder achtmal. Für einen Moment ist das vielleicht ein cooler Gedanke, aber wenn alle gleich aussehen und die gleiche Meinung über alles haben, ist das auf Dauer langweilig. Auch kämen dann keine neuen Ideen von anderen dazu und ihr würdet alle irgendwie im selben Saft schmoren. Ganz ähnlich ist das bei den Bakterien: Wenn sie sich verändern und weiterentwickeln wollen, brauchen sie den Einfluss von anderen. Daher kennen sogar Bakterien Sex: Sie bilden kleine Röhrchen, die Sexpili, mit denen sie ihr Erbmaterial austauschen. Das ist eine prima Sache, denn wenn ein Bakterium einen Trick gefunden hat, um zum Beispiel etwas anderes essen zu können oder sich gegen ein Antibiotikum (siehe Seite 136) zu wehren, dann kann es diese Fähigkeit an andere Bakterien weitergeben. Oft übernehmen sogar Viren diese Aufgabe und helfen den Bakterien, Erbinformationen zu übertragen.

Wenn alle gleich sind, ist das nicht nur langweilig, sondern auch gefährlich. Manchmal braucht man viele, damit einer durch Zufall auf die Lösung eines großen Problems kommt.

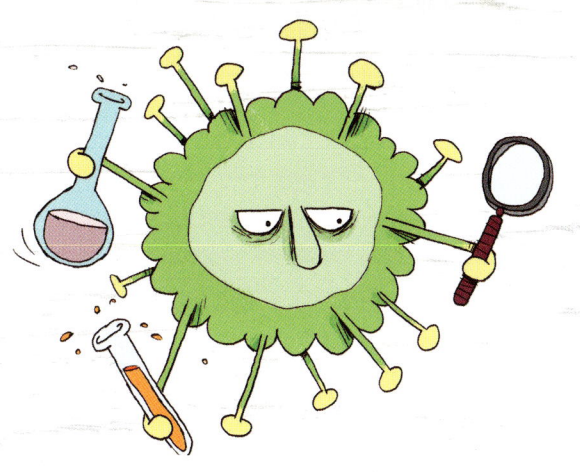
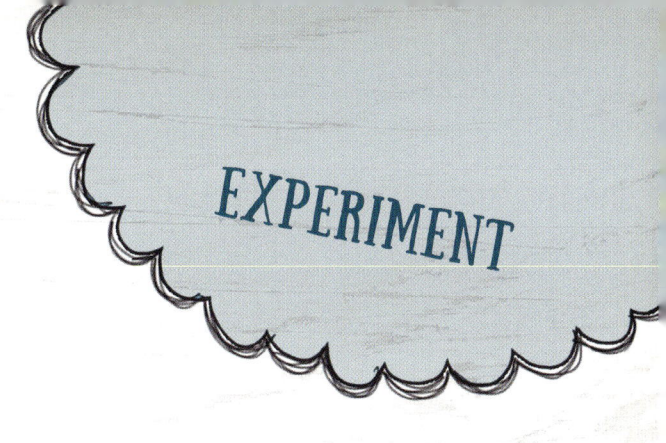

Die beiden amerikanischen Wissenschaftler Norton Zinder und Joshua Lederberg führten 1952 ein beeindruckendes Experiment durch. Sie nutzten zwei unterschiedliche Bakterienstämme, die beide jeweils einen bestimmten Stoff nicht herstellen konnten. Die beiden Stämme trennten sie durch einen Filter. Der hatte so kleine Poren, dass kein Bakterium auf die andere Seite kommen konnte. Die Forscher staunten nicht schlecht, als sie bereits nach wenigen Stunden feststellten, dass beide Stämme die entsprechenden Stoffe herstellten. Sie hatten es sich gegenseitig beigebracht! Allein hätten die Bakterien das nicht hingekriegt, doch sie hatten Unterstützung: von Viren. Die hatten kein Problem, durch die Poren zu kommen und Informationen von einer Seite zur anderen zu bringen. Diese Entdeckung war eine Sensation, denn bis dahin hatte sich keiner vorstellen können, dass Viren überhaupt irgendeine positive Eigenschaft haben können.

Viren als Postboten für wichtige Informationen

IM REICH DER MIKROBIOLOGIE

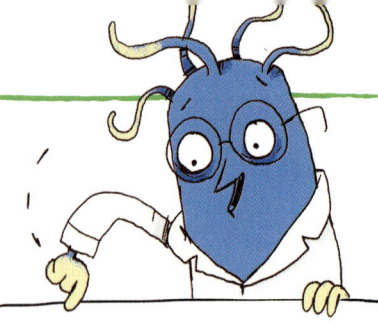

INFOKASTEN 2

Es gibt sogar Selbstmord bei Bakterien. Wird die Nahrung knapp, sendet das Bakterium *Myxococcus xanthus* ein Signal. Nun zieht sich die Bakterienkolonie zusammen und bildet eine Art Fruchtkörper, eine echte Seltenheit unter Bakterien. Die Bakterien außen versorgen die in der Mitte mit Nahrung, bis sie selbst sterben. Die in der Mitte haben dann noch genügend Zeit, Sporen auszubilden, und können dadurch überleben. Ganz schön selbstlos, oder?

Selbstmord bei Bakterien: Eine für Bakterien sehr ungewöhnlich enge Zusammenarbeit sorgt dafür, dass sich einige opfern, um das Überleben anderer zu ermöglichen.

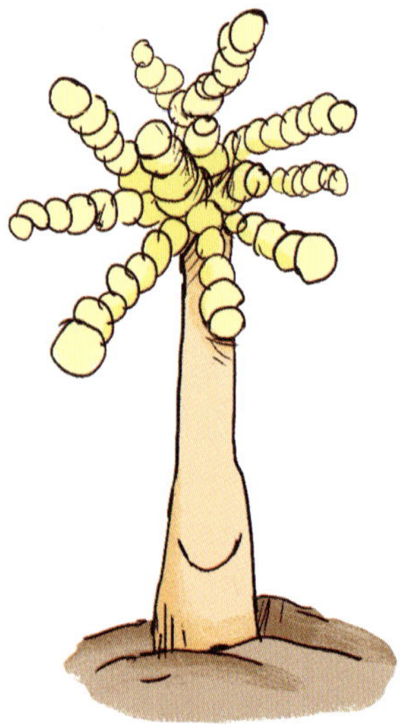

SYMBIOSE MIT BAKTERIEN

Bis vor wenigen Jahren glaubte man, dass alles Leben auf unserem Planeten von der Sonne abhängig ist. Wir Menschen und Tiere können uns zwar nicht direkt von der Sonne ernähren, aber wir essen Pflanzen oder Tiere, die vorher Pflanzen gegessen haben. Pflanzen hingegen nutzen die Energie des Sonnenlichtes, um **Biomasse** aufzubauen. Diese Biomasse wird dann die Nahrung für alle anderen Lebewesen auf der Erde. Inzwischen haben Forscher herausgefunden, dass Leben auch ohne die Sonne funktioniert. Wie das? Es gibt Bakterien, die tief unten im Ozean in der Nähe von heißen vulkanischen Quellen leben, und ihre Ernährungsweise ist etwas ganz Besonderes: Statt aus der Sonne gewinnen sie ihre Energie aus Steinen! Das heiße Wasser aus den vulkanischen Quellen enthält viele gelöste Mineralien und die Bakterien haben gelernt, daraus Energie für sich herzustellen. Man nennt sie **chemolithoautotrophe Bakterien**. Das musst du dir nicht merken, es klingt aber ziemlich cool.

Manche dieser Bakterien aus der Tiefsee haben auch noch einen besonderen Trick auf Lager: Sie leben im Bauch von Würmern. Der Wurm versorgt sie mit den gelösten Mineralien aus dem Wasser und im Gegenzug produzieren die Bakterien Nahrung für den Wurm. Die Nahrung wächst somit einfach im Bauch des Wurmes. Eine praktische Sache, was? Aus diesem Grund haben die Würmer, die wir Riftia nennen, auch keinen Mund, sie brauchen ihn einfach nicht. Wissenschaftler sprechen in einem solchen Fall von einer **Symbiose**, das bedeutet, beide Lebewesen sind aufeinander angewiesen und können nicht ohne den anderen überleben.

Es klingt ein bisschen verrückt: Das Wasser in der Nähe der Quellen ist so heiß, dass es fast kocht. Viele Bakterien da unten lieben das. Manchmal wird aber auch ihnen zu heiß und dann gilt: Nichts wie weg! Das können Bakterien ziemlich flott – sie nutzen dazu drehende Peitschen (Flagellen). Die funktionieren in etwa so wie ein Elektromotor mit Propeller. Es ist kaum zu glauben, aber der Flagellenantrieb ist der einzige drehende Mechanismus bei Lebewesen, alle anderen haben Gelenke oder bewegen sich kriechend voran. Die durchschnittliche Drehfrequenz liegt bei ca. 40- bis 50-mal pro Sekunde, das sind dann etwa

IM REICH DER MIKROBIOLOGIE

0,025 Millimeter pro Sekunde oder neun Zentimeter pro Stunde. Doch es geht auch viel schneller (siehe Infokasten).

Ein fantastischer Lebensraum: Heiße Quellen in der Tiefsee

INFOKASTEN 1

Extrem schnell schwimmen die beiden Arten *Methanocaldococcus jannaschii* und *Methanocaldococcus villosus*. Sie sind 400 bis 500 bps schnell. Doch was ist eigentlich bps? Es sind Körperlängen pro Sekunde (*bodies per second*). Das schnellste Landtier – der Gepard – schafft gerade mal 20 Körperlängen pro Sekunde und das ist schon der Wahnsinn. Rechnet man die Körpergröße der Bakterien auf die Größe eines Sportwagens um, dann würde dieser 6.000 Kilometer pro Stunde schnell fahren, unvorstellbar! (Ein Düsenflugzeug schafft gerade mal 1.000 km/h![10]

Wir müssen aber gar nicht in die Tiefsee, um eine spektakuläre **Symbiose** zu entdecken, dafür genügt schon ein Ausflug in den Garten. Du hast schon oft gehört, dass wir von **Proteinen** gesprochen haben – den Maschinen in unserem Organismus, ohne die nichts funktionieren würde und ohne die es kein Leben gäbe. Es gibt ein **Element**, das für den Aufbau von Proteinen unerlässlich ist: Stickstoff. Vielleicht wunderst du dich, denn du hast gehört, dass Stickstoff den größten Anteil in unserer Luft ausmacht, nämlich fast 80 % davon. Leider können Pflanzen mit Stickstoff aus der Luft nichts anfangen. Darum haben sich zum Beispiel Hülsenfrüchtler wie Bohnen, Erbsen, Linsen und Kichererbsen Verstärkung geholt: Sie leben gemeinsam mit Bakterien, die ohne Probleme den Stickstoff aus der Luft binden und pflanzenfreundlich aufbereiten können. Die sogenannten Knöllchenbakterien nisten sich in den Wurzeln ein und lassen sich von den Pflanzen umwachsen. Mehr noch, sie lassen sich sogar von diesen mit Zuckerlösung füttern. Knöllchenbakterien sind also richtige Schleckermäuler. Doch sie nehmen nicht nur, sondern sie geben auch: Als Gegenleistung für den Zucker bekommen die Pflanzen den für sie wertvollen Stickstoff. Viele Bauern impfen sogar ihre Felder mit Knöllchenbakterien, denn das ist viel billiger als teurer Stickstoffdünger.

Eine geniale Zusammenarbeit zwischen den sogenannten Knöllchenbakterien und Pflanzen. Die Bakterien fangen einen wichtigen Stoff, den Stickstoff, für die Pflanzen. Diese brauchen ihn, um Eiweiß (auch Protein genannt) zu produzieren. Darum haben Hülsenfrüchte wie Linsen, Erbsen und Bohnen genauso viel Eiweiß wie Fleisch (etwas über 20 %).

Aber nicht nur Pflanzen leben in Symbiose mit Bakterien. Auch wir Menschen leben mit verschiedensten Bakterienarten zusammen (mehr dazu im Kapitel *Mikrobiom – unsere Freunde*). Eine wichtige Gruppe sind die Milchsäurebakterien. Sie gehören zur Ordnung der *Lactobacillales* und helfen uns in unserem Darm bei der Verdauung, aber auch auf unserer Haut. Milchsäurebakterien haben sogar jenseits unseres Körpers große Bedeutung: Sie stellen zum Beispiel aus Kuhmilch oder Sojamilch leckeren Joghurt, Käse und andere Milchprodukte her.

INFOKASTEN 2

Die Pflanzen bauen mit dem Stickstoff wieder neue Proteine und diese geben sie ihren Keimlingen, also ihren Pflanzenbabys, mit. Aus diesem Grund haben Hülsenfrüchte auch einen hohen Anteil an Proteinen. Ein anderes Wort für Proteine ist übrigens Eiweiß. Fleisch gilt für viele Menschen als Hauptquelle für Eiweiß. Doch das stimmt nicht. Auch Sojabohnen, Linsen oder Erbsen enthalten viel Eiweiß. Karsten macht sich beispielsweise einen Brotaufstrich oder Shakes aus Hanfsamen, diese enthalten fast 40 % Eiweiß. Das ist viel mehr als im besten Rindfleisch.

Viele leckere Sachen sind von Bakterien schon mal gegessen. Guten Appetit!

EINZELLER

Von allem etwas

Unser Buch heißt *Die spannende Welt der Viren und Bakterien*, doch in der Mikrowelt gibt es noch viel mehr zu entdecken. Aus diesem Grund werden wir uns jetzt auch mit Pilzen und ein- und mehrzelligen Tieren beschäftigen.

Der große Unterschied zwischen Bakterien und allen anderen Lebewesen auf der Erde ist ihr innerer Aufbau. Bakterien nennt man Prokaryoten, das ist altgriechisch und bedeutet so viel wie „vor einem Kern". Es sind also Organismen, die noch keinen Zellkern haben. Ein Zellkern ist eigentlich nichts Besonderes, sondern lediglich eine Membranhülle (siehe Kapitel *Die Entstehung des Lebens*) um die DNA. Doch diese Hülle hat es in sich, denn sie verleiht viel mehr Kontrolle über die eigenen Gene. Die sogenannten Eukaryoten, also Lebewesen, deren Zellen einen Zellkern besitzen, können daher viel komplexere Organismen bilden, wie zum Beispiel uns Menschen. Die dünne Membran um die DNA kontrolliert, was in den Kern reinkommt und was rausdarf – ein supereinfacher Trick und ein Riesenvorteil gegenüber Zellen ohne Membran um den Kern. Doch auch die Eukaryoten haben einmal als ganz einfache einzellige Lebewesen angefangen. Daher gibt es einzellige Tiere, einzellige Pflanzen und auch einzellige Pilze.

Das vielleicht bekannteste einzellige Tier ist das Pantoffeltierchen. Es lebt in jeder Pfütze und ernährt sich hauptsächlich von Bakterien.

Die bekannteste einzellige Pflanze ist Euglenia, auch Augentierchen genannt. Ach herrje – ist dir etwas aufgefallen? Eine Pflanze, die als „Tierchen" bezeichnet wird und ein Auge hat? Du hast recht, hier geht einiges durcheinander! Das kommt daher, dass Einzeller weder als Tiere noch als Pflanzen bezeichnet werden. Denn oft lässt sich das gar nicht richtig unterscheiden. Normalerweise sind Pflanzen festgewachsen und produzieren mit ihrem grünen Blattfarbstoff, dem Chlorophyll, Sauerstoff und Zucker. Euglenia ist auch grün und produziert Sauerstoff und Zucker, aber sie ist nicht festgewachsen, sondern kann sich bewegen. Ihr sogenannter Augenfleck hilft ihr dabei, zum Licht zu schwimmen.

Der vermutlich bekannteste einzellige Pilz ist die Hefe. Du kennst sie vom Backen: Hefeklöße, Kuchen, Brot und Pizzateig sind lauter leckere Dinge, die mithilfe von Hefen hergestellt werden. Der Grund, warum aus dem klebrigen, dicken Teig so etwas Lockeres und Flockiges wird, ist übrigens ein wenig unappetitlich. Es sind nämlich die Pupse von Mikroorganismen (mehr dazu im Kapitel *Mikrobiom – unsere Freunde*).

Einzeller finden sich fast überall in der Natur und sie sind extrem wichtig.

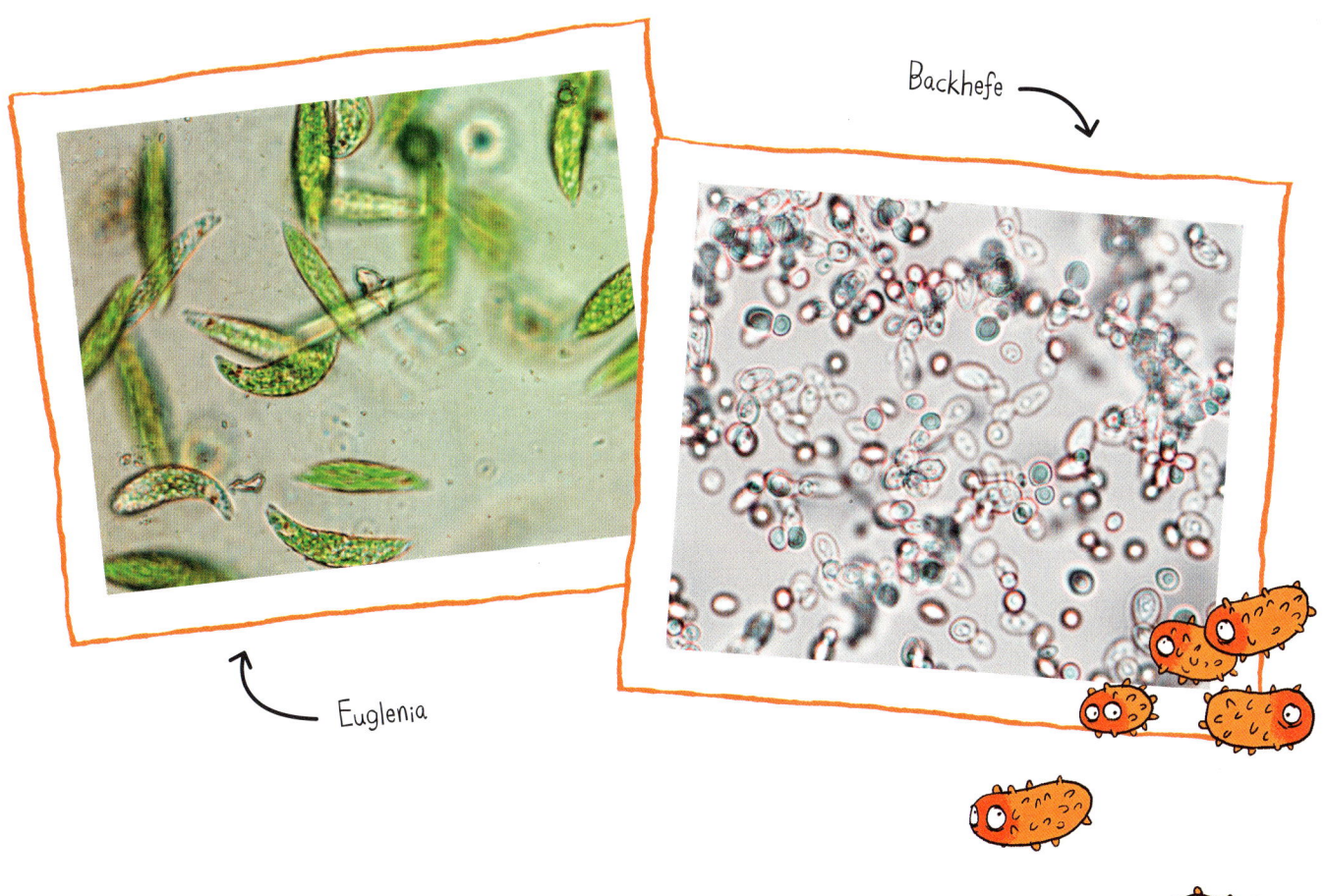

Euglenia

Backhefe

Es gibt aber auch Einzeller, die uns krank machen können. Hier kommen zwei Beispiele:

MALARIA

Bei der Malaria handelt es sich um eine sehr gefährliche Tropenkrankheit, die von Mücken übertragen wird. Wenn du von einer Mücke gestochen wirst, die den Malariaerreger *Plasmodium malariae* überträgt, dann kommen die kleinen Einzeller, die Erreger der Malariakrankheit, in dein Blut. Dort greifen sie deine roten Blutkörperchen an. Diese sind aber für dich extrem wichtig, denn sie transportieren den Sauerstoff von der Lunge zu deinen Körperzellen und bringen das Abfallprodukt CO_2 zurück zur Lunge. Wird dieser Mechanismus gestört, ist dein Leben bedroht. Leider lässt Malaria sich kaum behandeln, und wer sie überlebt, hat sein Leben lang mit ihr zu kämpfen, denn von Zeit zu Zeit bekommen Betroffene einen Rückfall.

Es gibt auch Menschen, die gegen Malaria immun sind. Sie haben eine seltene Erbkrankheit, die **Sichelzellenanämie**. Bei ihnen sehen die roten Blutkörperchen nicht rund, sondern sichelförmig aus und sie können bei Weitem nicht so viel Sauerstoff transportieren. Die Betroffenen haben es dadurch recht schwer, fühlen sich oft schlapp und können kaum Sport machen. Die Krankheit hat aber den Vorteil, dass ihnen die Malaria nichts anhaben kann. Denn die Erreger können sich in den sichelförmigen Blutkörperchen nicht vermehren. Interessant ist, dass es diese **Erbkrankheit** nur in Malariagebieten gibt. Überleg mal, warum das so ist und wie du dich am besten schützen kannst. (Antwort auf Seite 179)

AMÖBENRUHR

Die Amöbenruhr ist eine üble Darmkrankheit, die schlimme Durchfälle verursacht, manchmal bis zu 50-mal am Tag. Zum Glück ist sie mit Medikamenten gut zu behandeln! Unbehandelt kann die Amöbenruhr sogar tödlich sein. Doch wie bekommt man diese Krankheit eigentlich? Bei der Amöbenruhr handelt es sich um eine bestimmte Art von Amöben. Die meisten Amöbenarten sind völlig harmlos, sie sind auf Wasser angewiesen und leben zum Beispiel in Seen. Dort ernähren sie sich

kommen, die sogenannten Zysten. Bei einem Infizierten können das bis zu 500 Millionen an einem Tag sein. Die Zysten werden mit dem Stuhlgang ausgeschieden. Gelangt der Stuhlgang nun irgendwie ins Wasser und jemand wäscht mit diesem Wasser einen Apfel ab oder putzt sich die Zähne, kommen die Zysten in ihn hinein und der Kreislauf beginnt von Neuem. Überleg mal, wie du dich am besten schützen kannst. (Antwort auf Seite 179)

von anderen einzelligen Lebewesen wie Bakterien. Amöben werden auch Wechseltierchen genannt, denn sie können ihre Form ändern. Haben sie etwas Essbares entdeckt, dann umschließen sie es einfach. In die entstandene Blase werden dann **Verdauungsenzyme** abgegeben. Die Nahrung wird danach, ganz ähnlich wie in deinem Magen, in der Blase verdaut.

Im Darm ihrer Wirte haben die Amöben alles, was sie brauchen, im Überfluss, und so produzieren sie massenhaft Nach-

PILZE

Immer für eine Überraschung gut

Vermutlich denkst du bei Pilzen zuerst an Champignons oder an Pilze im Wald. Aber eigentlich sind diese Pilze gar nicht der Pilz, sondern nur so etwas wie seine Früchte. Biologen sprechen auch vom Fruchtkörper oder ganz allgemein von Geschlechtsorganen. Der eigentliche Pilz lebt im Boden und bildet oft ein weitverzweigtes Netz.

Der größte Pilz, den wir kennen, ist der Dunkle Hallimasch (*Armillaria solidipes*). Er lebt im Malheur National Forest in Oregon (USA) und bringt 600 Tonnen auf die Waage, also so viel wie etwa 100 Elefanten. Er ist vermutlich 2.400 Jahre alt und hat ungefähr eine Fläche von drei mal drei Kilometern – das sind über 1.000 Fußballfelder. Irgendwie schon witzig, dass sich **Mikrobiologen** mit so einem großen Lebewesen beschäftigen.

Es gibt aber auch andere überraschend große Pilze, die niemand sieht: zum Beispiel den Mykorrhiza-Pilz. Als Mykorrhiza wird eine Lebensgemeinschaft zwischen Pilzen der Ordnung Glomales und fast allen Landpflanzen bezeichnet. Die Pilze wachsen im Boden. Wenn sie auf eine Wurzel stoßen, dann verwachsen ihre **Hyphen** mit der Pflanze. Normalerweise würden sich Pflanzen gegen solche Eindringlinge mit Giftstoffen wehren. In einer Mykorrhiza werden aber **Botenstoffe** ausgetauscht, die ein Zusammenwachsen mit der Pflanze bewirken. Die Oberfläche der dünnen Pilzfäden (Hyphen) kann 1.000-mal größer sein als die Oberfläche der Baumwurzel. Wasser und Nährstoffe können dadurch viel besser aufgenommen werden. Ohne den Pilz sähen die meisten Pflanzen krank und mickrig aus. Im Gegenzug bekommt der Pilz von den Pflanzen Zucker als Nahrung.

Nicht ganz so groß und auch nicht so bedeutsam sind die Flechten. Dabei handelt es sich um eine symbiotische Lebensgemeinschaft zwischen einzelligen Algen und mehrzelligen Pilzen. Die Pilze bilden den Wohnraum und besorgen dank ihrer großen Oberfläche für sich und die Algen das Wasser und die Nährstoffe. Die Algen wiederum produzieren mithilfe des Sonnenlichts Zucker, den die Pilze als Energiequelle nutzen. Du kennst übrigens Flechten als dünnen, verschiedenfarbigen flauschigen Überzug auf Steinen.

Ohne Symbiosen zwischen Pflanzen und Pilzen oder zwischen Pflanzen und Bakterien würden wir vermutlich verhungern.

INFOKASTEN

Total überrascht haben uns die Raubpilze. Es ist kaum zu glauben, aber es gibt wirklich räuberische Pilze! Es sind die sogenannten Arthrobotrysarten. Sie bilden eine Art Schlinge, die sich zuzieht, wenn ein kleiner Wurm versucht hindurchzukriechen.

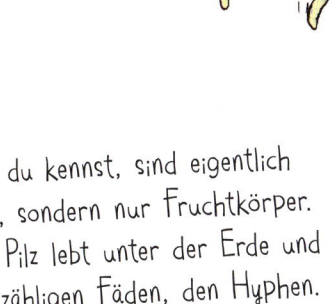

Die Pilze, die du kennst, sind eigentlich gar keine Pilze, sondern nur Fruchtkörper. Der eigentliche Pilz lebt unter der Erde und besteht aus unzähligen Fäden, den Hyphen.

53

IM REICH DER MIKROBIOLOGIE

Flechten sind eine besondere Lebensgemeinschaft zwischen Pilzen und Algen. Eine Flechte wie auf dem Bild kann viele Jahre alt sein, manche werden sogar viele Hundert Jahre alt.

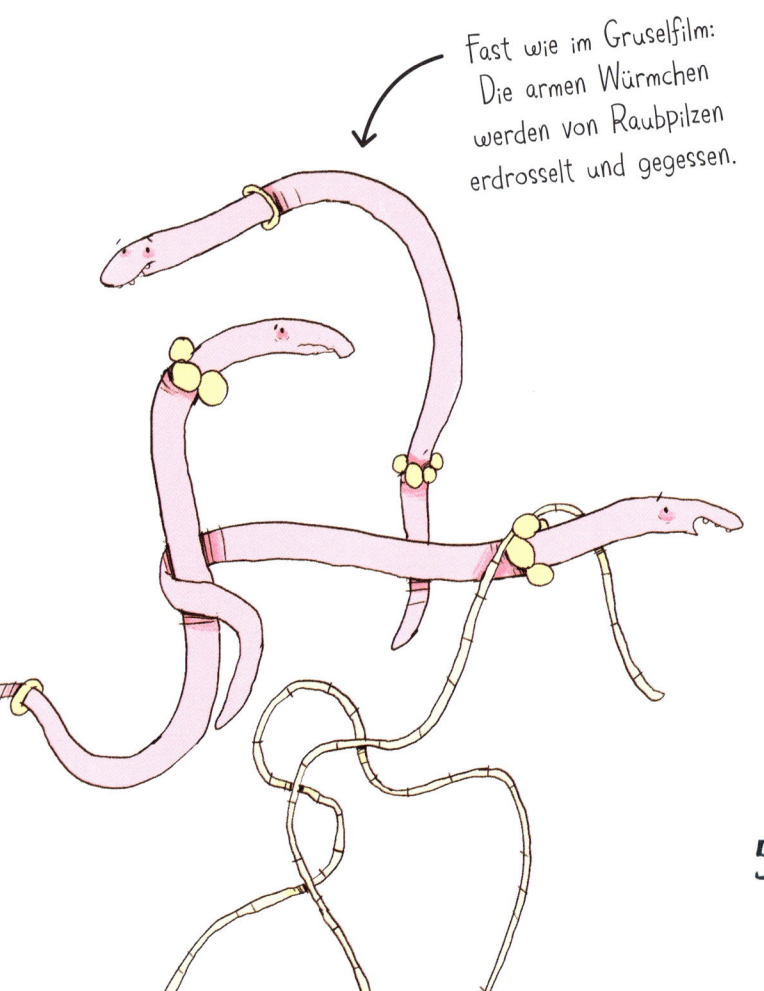

Fast wie im Gruselfilm: Die armen Würmchen werden von Raubpilzen erdrosselt und gegessen.

Die meisten Pilze sind tatsächlich sehr klein. Die nützliche Hefe hast du ja schon kennengelernt. Es gibt aber auch für uns gefährliche Pilze, zum Beispiel Schimmelpilze oder den lästigen Fußpilz.

SCHIMMELPILZE

Das Gefährliche an Schimmelpilzen sind nicht die Pilze selbst, sondern bestimmte Stoffe, die sie produzieren. Diese chemischen Verbindungen können für uns sehr giftig und oft auch krebserregend sein. Völlig unbemerkt durchdringen die Pilze zum Beispiel Käse, Brot, Gemüse, Früchte und Fleisch. Erst wenn sie „groß und stark" sind, erzeugen sie ihre Fruchtkörper, mit denen sie sich vermehren. Bei dem feinen weißgrauen Flaum, den wir als Schimmel bezeichnen, handelt es sich genau um diese Fruchtkörper. Doch wie kannst du dich vor den Schimmelpilzen schützen? Die Antwort findest du auf Seite 180.

FUSSPILZ

Der Fußpilz hingegen lebt auf unserer Haut. Er mag es gerne warm und feucht. Seine Nahrung ist Keratin, ein Stoff, der unsere Haut, aber auch unsere Hornhaut, Haare und Nägel stabil macht. Fußpilz gilt als ungefährlich für uns, doch er nervt, weil er juckt. Fußpilze sind sehr anhänglich, wer einen hat, kriegt ihn schwer wieder los. Deshalb solltest du diesen lästigen Mitbewohner gar nicht erst bei dir einziehen lassen. Doch wie kannst du Fußpilz verhindern? Die Antwort findest du auf Seite 180.

Pilze gibt es sogar in der Luft! Dabei handelt es sich um die Sporen der Schimmelpilze *Cladosporium, Mucor, Rhizopus* und *Aspergillus*. Gemeinsam mit Bakterien wie *Micrococcus, Flavobacterium* und *Corynebacterium* atmest du sie permanent ein und aus. Das ist prinzipiell kein Problem, solange es nicht zu viele sind. Dein Immunsystem (siehe Seite 108) hält sie locker in Schach. Hast du aber einen Schimmelpilz in der Wohnung, wird es gefährlich: Von Hautreizungen über Asthma bis hin zu Krebs ist alles möglich. Wenn du möchtest, kannst du diese unsichtbaren Keime auch sichtbar machen (siehe nächste Seite).

Als Schimmelpilz auf unserer Nahrung oder als Fußpilz mögen wir Pilze nicht.

EXPERIMENT

Fachleute können die Belastung der Luft ganz einfach überprüfen: Sie nehmen kleine flache Schalen (sogenannte Petrischalen) mit einem Gel, das viele leckere Nährstoffe (Nährmedium) enthält, und öffnen sie einige Minuten lang. Danach stellen sie die Schalen für eine Woche an einen warmen Ort. Nach dieser Zeit werden die gewachsenen Pilzkolonien gezählt. Um herauszufinden, wo in einer Wohnung die Belastung mit Pilzen am größten ist, stellt der Experte Schalen im Keller, im Wohnzimmer oder auf dem Balkon auf und vergleicht sie später miteinander. Genau so haben auch wir (siehe Bilder) und Robert Koch (siehe Kapitel *Zeitreise in die Entdeckungsgeschichte*) gearbeitet.

In der Küche ist die Belastung der Luft oft am höchsten. Feuchtigkeit und Nahrung schaffen perfekte Lebensbedingungen. Daher sollten keine alten Lebensmittel herumliegen und die Küchenflächen trocken sein.

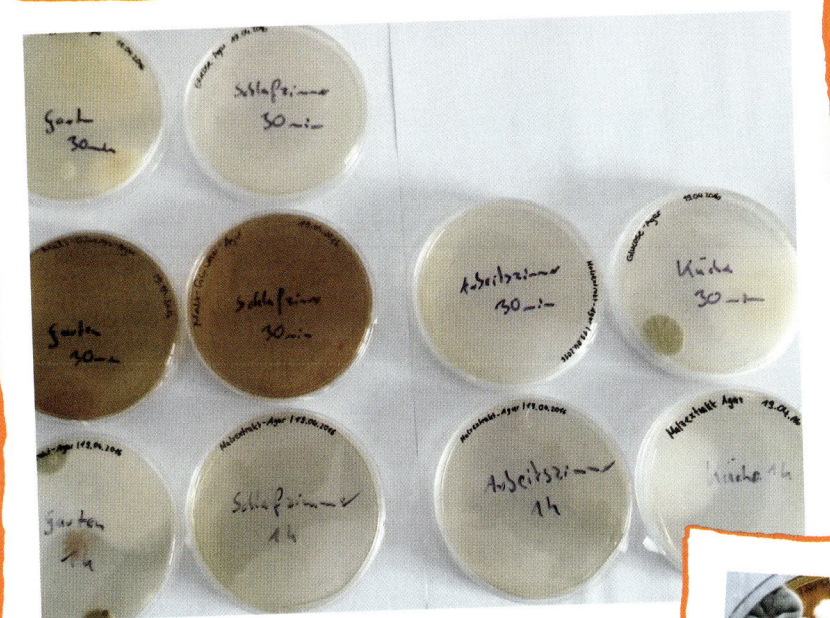

Hier siehst du die Luftkeime bei uns zu Hause. Die meisten Keime haben wir im Garten eingefangen (die drei Schalen links). Im Arbeitszimmer und im Schlafzimmer war praktisch nichts, nur in den Schalen, die wir in der Küche geöffnet hatten, sind einige Kolonien gewachsen. Die Schalen waren eine Stunde und 30 Minuten lang auf. Das war sehr lange, denn wir wollten unbedingt Pilze einfangen.

Diese schönen Kolonien haben wir unter unserem Haus im Pumpenraum gefunden. Das ist eine Art gemauerte Grube, in der Regenwasser ins Haus und Abwasser aus dem Haus gepumpt werden. In diesem Raum ist es immer schön feucht, ein perfektes Klima für Pilze. Für Menschen ist so ein Klima schädlich, unseren Pumpen in dem abgeschlossenen Raum ist das zum Glück egal.

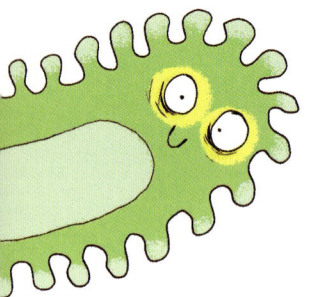

MEHRZELLER

Das engste Sozialleben der Welt

Es gibt eine ganze Reihe von mehrzelligen Tieren, mit denen sich die medizinische Mikrobiologie beschäftigt, weil sie unangenehme oder sogar schlimme Krankheiten auslösen. Meist handelt es sich um Würmer. Ihre Eier werden über Nahrung, aber auch durch Spielen im Sand oder Buddeln in der Erde aufgenommen. Die meisten Leute finden den Gedanken, Würmer zu haben, sehr eklig. Du kennst bestimmt den Satz: Wasch bitte deine Hände! Oder: Steck die dreckigen Finger nicht in den Mund! Auch wenn dich das vielleicht manchmal nervt, schmutzige Hände müssen gewaschen werden. Vermutlich werden vier von fünf Krankheiten durch dreckige Hände übertragen.

Aber Vorsicht, man darf es nicht übertreiben! Zu viel Reinlichkeit ist auch nicht gut, haben Forscher herausgefunden. Sie wunderten sich, dass vor allem Kinder immer häufiger Allergien entwickeln, beispielsweise gegen Hausstaub, Tierhaare oder Pflanzen. Bei Allergien versucht unser Immunsystem, ungefährliche Bestandteile der Umwelt oder sogar uns selbst anzugreifen. Beim Hausstaub führt das zu häufigem Niesen, bei Heuschnupfen läuft zusätzlich die Nase, die Augen tränen und jucken und Betroffene fühlen sich richtig krank. Die Wissenschaftler kamen auf die Idee, dass die Umgebung mancher Kinder vielleicht zu sauber ist. Sie überlegten, was dem Immunsystem dieser Kinder helfen könnte, und kamen auf Wurmeier. Jetzt wird es wieder einmal etwas unappetitlich: Sie ließen die Kinder Wurmeier schlucken. Es waren natürlich nicht irgendwelche, sondern speziell für die Therapie gezüchtete, die sich in unserem Darm nicht entwickeln können. Die Eltern (und Patienten) mussten also keine Angst haben, dass Würmer in ihrem Bauch rumkrabbeln. Die Wurmeier hatten einen erstaunlichen Effekt: Sie sorgten dafür, dass die Allergien zurückgingen. Würmer sind eine echte Herausforderung für unser Immunsystem (mehr dazu im Kapitel *Immunsystem*). Besonders für Kinder scheint es gut zu sein, wenn sie mal Würmer haben. Das Immunsystem lernt dadurch echte Feinde erkennen und geht nicht aus Versehen gegen den eigenen Körper vor. Vermutlich hat sich im Verlauf der Evolution ein gütliches Zusammenleben zwischen Mensch und Wurm eingestellt. Forscher nennen diesen Effekt die „Alte-Freunde-Hypothese" oder auch „old friends hypothesis".[11]

Früher waren wurmbedingte Erkrankungen sehr häufig. Zum Beispiel war der Medinawurm weitverbreitet. Er wird bis zu 1,2 Meter lang und lebt unter der Haut. Wenn er ausgewachsen ist, bohrt er sich nach außen und gibt über diese Öffnung seine Eier ab. Ärzte haben den Wurm auf ein Holzstäbchen aufgewickelt und ihn aus der Haut gezogen. Dabei mussten sie darauf achten, dass er nicht zerreißt. Deshalb durften jeden Tag immer nur 10 Zentimeter aufgewickelt werden. Der deutsche Hygieniker Reiner Müller hat sogar darüber spekuliert, ob diese Behandlung der Ursprung des Äskulapstabs ist.[12] Dieser Stab gilt als Symbol der Ärzte und geht auf Asklepios, den

INFOKASTEN

Der bei uns am häufigsten vorkommende Wurmbefall entsteht durch eine Fadenwurmart, den sogenannten Madenwurm (*Enterobius vermicularis*). Der Gedanke, diese Würmchen im Bauch zu haben, ist zwar eklig, die Würmer im Großen und Ganzen aber ungefährlich. Du kannst sie manchmal sogar in deinem Stuhlgang entdecken. Keine Lust auf solcherlei Forschung? Wie du dich vor Madenwürmern schützen kannst, erfährst du auf Seite 180.

IM REICH DER MIKROBIOLOGIE

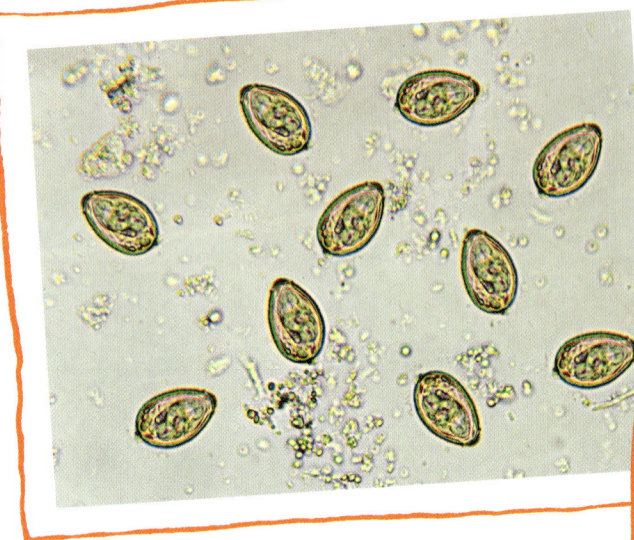

Die Eier des Madenwurms sind leicht unter dem Mikroskop zu erkennen.

griechischen Gott der Heilkunde (siehe Bild rechts) zurück. Aber vermutlich hat Müller nicht recht, auch wenn wir das in unserem Studium gelernt haben. Es gibt nämlich keine alten Zeichnungen, bei denen sich ein Wurm um einen Stab schlängelt, es ist immer eine Natter.

Aber nicht nur Würmer suchen uns als Mehrzeller heim:

KRÄTZE

Auch für Milben sind wir ein gefundenes Fressen. Die Grab- bzw. Krätzemilbe, die zu den Spinnen gehört, schiebt sich in unsere Haut und gräbt dort Gänge. Die entzünden sich, weil unser Immunsystem sich wehrt. Die Haut fängt furchtbar an zu jucken. Bevor es wirksame Medikamente gab, war die Krätze weitverbreitet. Auch heute gibt es sie noch, bei uns allerdings sehr selten. Die Krätze wird zum Beispiel durch engen Kontakt zu Infizierten oder durch Bettzeug übertragen. Problematisch wird es, wenn unterschiedliche Menschen im gleichen Bettzeug schlafen. Hat einer die Krätze, bekommen die anderen sie auch. Auf Reisen solltest du daher immer deinen eigenen Schlafsack benutzen oder auf frische Wäsche achten.

Übrigens: Auch Tiere können von Krätzmilben befallen werden.

GEFAHR FÜR FEHLWIRTE

Wenn ein Parasit versehentlich in einen anderen Wirtskörper gelangt, kann das sehr gefährlich sein. So ein Parasit ist zum Beispiel der Fuchsbandwurm. Er lebt, wie du dir schon denken kannst, im Fuchs. Seine Eier werden mit dem Kot ausgeschieden. Wenn wir Menschen die Eier des Fuchsbandwurms zu uns nehmen, kann es passieren, dass wir schwer an der sogenannten alveolären Echinokokkose erkranken. Bei einem Fuchs bleibt der Wurm im Darm und es ist für ihn kein schlimmes Problem. Bei uns wandern die Larven aber in unserem Körper umher und beginnen irgendwo zu wachsen. Als wir in Göttingen studierten, wurde uns das Gehirn eines gestorbenen Babys gezeigt, in dem ein Fuchsbandwurm gewachsen war. Die Blase war fast so groß wie das Gehirn selbst. Doch wie kannst du dich vor dem Fuchsbandwurm schützen? Sieh doch mal auf Seite 181 nach!

Manche Katzenmilben sind auch für uns Menschen gefährlich.

Füchse sind schlaue und niedliche Tiere, doch ihr Bandwurm kann uns sehr gefährlich werden.

DIE ENTSTEHUNG DES LEBENS

Es klingt wie ein Märchen!

Im Kapitel über Viren hast du schon gemerkt, dass es gar nicht so einfach ist zu beschreiben, was Leben eigentlich ist. Wenn das schon schwierig ist, wie steht es dann um die Frage: Wie ist Leben entstanden? Genau weiß das auch niemand, aber wir möchten dir in fünf Schritten erklären, wie sich die meisten Wissenschaftler die Entstehung des Lebens derzeit vorstellen. Wir haben das Ganze sehr vereinfacht. Um all die Reaktionen wirklich zu verstehen, musst du dich viele Jahre mit Chemie, Biologie und Physik beschäftigen. Die folgenden Abschnitte sollen dir also nur einen oberflächlichen Überblick geben.

SCHRITT 1: DIE URSUPPE – DIE WIEGE DES LEBENS AUF UNSERER ERDE

Die beiden amerikanischen Forscher Stanley Miller und Harold Clayton Urey führten 1953 an der Universität von Chicago ein bahnbrechendes Experiment durch: Sie wussten, wie die Luft vor etwa vier Milliarden Jahren zusammengesetzt war und welche Bedingungen auf der Erde herrschten. All diese stellten sie in einem großen Glaskolben nach. Blitze zischten durch den Kolben, die Bestandteile wurden erhitzt und wieder abgekühlt (Chemische Evolution). Forscher nennen das übrigens die Ursuppe. Ein wichtiger Bestandteil dieser Suppe war Methan, das einfachste Kohlenwasserstoffmolekül.

Alles Leben, das wir kennen, ist aus Kohlenwasserstoffen aufgebaut.

Das Methan-Molekül ist sehr einfach gebaut, es besteht nur aus einem einzigen Kohlenstoffatom und vier Wasserstoffatomen, daher auch der Name Kohlenwasserstoff. Es kann sehr gut brennen und darum wird es auch tagtäglich in Küchen mit Gasöfen verbrannt. Nach ihrem Experiment staunten die Forscher nicht schlecht: Ein Fünftel (20 %) des Methans hatte sich in viel kompliziertere Moleküle verwandelt, die ersten organischen Verbindungen waren entstanden – die chemische Grundlage für die Entstehung der ersten Lebewesen war geschaffen.

Das C steht für ein Kohlenstoffatom und das H für ein Wasserstoffatom. Haben sich Atome miteinander verbunden, spricht man von einem Molekül.

Die Ursuppe stand am Beginn allen Lebens auf der Erde. In ihr hat noch nichts gelebt, aber alle Bestandteile, die das Leben braucht, waren vorhanden.

SCHRITT 2: DIE GEBURT DER ZELLE

Doch all diese organischen Verbindungen waren Zufallsprodukte und es gab sie nicht oft. Die Moleküle waren so selten, dass eine Reaktion zwischen ihnen ausgeschlossen war, und so konnten sich auch keine komplexeren biologischen Strukturen bilden. Wie so oft in der Erdgeschichte war der Zufall im Spiel: All diese Verbindungen waren in der wässrigen Ursuppe gelöst, doch Wasser kann verdunsten. Wenn das Wasser verdunstet, wird natürlich die Konzentration der gelösten Stoffe höher (siehe Experiment). Ganz Ähnliches wie in unserem Experiment passiert auch in den Brandungszonen der Meere. Du hast sicher schon mal beobachtet, wie dort Wasser auf Steine spritzt. Oft entstehen dabei kleine Pfützen, die dann in der Sonne austrocknen. Übrig bleibt eine weiße Kruste – das ist Salz, das vorher im Meerwasser gelöst war.

So ähnlich war das wohl vor Urzeiten auch mit den sogenannten Phospholipiden. Phospholipide sind kettenförmige Fettmoleküle und auch ihre Konzentration stieg in den kleinen Pfützen. Diese Moleküle bestehen aus zwei Bereichen, einem Kopf und einem Schwanz. Der Kopf hat eine besondere Eigenschaft, denn er zieht wie ein Magnet Wassermoleküle an. Ihre Schwänze wollen mit Wasser nichts zu tun haben. Sie verhalten sich so ähnlich wie Öl im Wasser, es bildet kleine Tröpfchen und will sich absolut nicht im Wasser auflösen. Aus diesem Grund orientieren sich diese Moleküle in einer ganz bestimmten Art und Weise: Die Köpfchen wenden sich zum Wasser und die Schwänzchen zueinander. Die aus den Schwänzchen entstandene Fettschicht ist eine unüberwindliche Grenze für die Wassermoleküle. Etwas Grandioses war passiert: Ein kleiner Bereich hatte sich von der Umwelt abgetrennt, die Hülle einer Zelle (Membran) war entstanden. Dieser Vorgang hat natürlich unzählige Male stattgefunden und irgendwann innerhalb von 1.000 Millionen Jahren muss wohl ein Stückchen RNA in so einer Membran gefangen worden sein. Was die dort gemacht hat, liest du im folgenden Abschnitt.

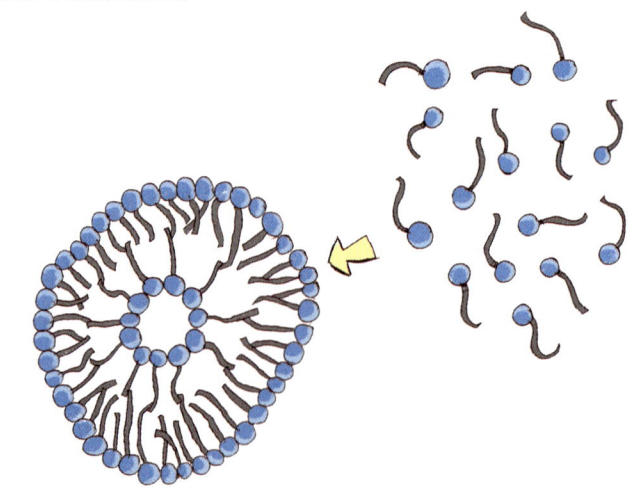

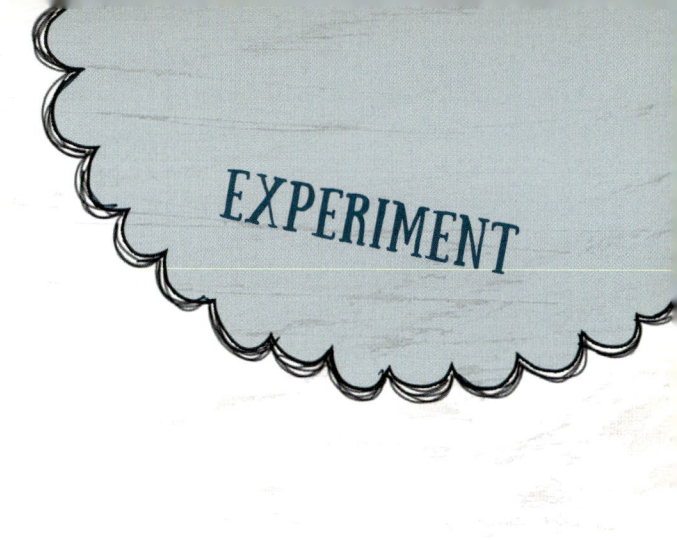

EXPERIMENT

Fülle ein Glas mit Wasser und gib anschließend einen Teelöffel Salz hinein. Rühre gut um, damit sich das Salz im Wasser lösen kann. Trinke dann einen Schluck und merke dir, wie salzig es schmeckt. Dann koche das Wasser auf dem Herd, bis es fast verdunstet ist, und koste erneut. Vorsicht, es ist heiß und so salzig, dass du noch nicht einmal nippen möchtest! Die Konzentration des Salzes hat also zugenommen.

IM REICH DER MIKROBIOLOGIE

> ## INFOKASTEN 1
>
> Ganz am Anfang der biologischen Evolution ist der Tod entstanden. Der Tod ist eigentlich eine sehr praktische Angelegenheit, denn wenn alles, was jemals gelebt hat, heute immer noch leben würde, dann wäre es wirklich eng auf der Erde. Für die Evolution hat der Tod aber noch eine andere Bedeutung, denn mit jeder neuen Generation kann eine neue Anpassung stattfinden. Jede neue Generation ist also irgendwie ein bisschen weiter entwickelt als die vorangegangene. Mit dem Tod wurde das Alte und Überholte aus dem Verkehr gezogen und das Neue, Moderne hatte Platz. So läuft das bis heute, ob wir es wollen oder nicht.

SCHRITT 3: PROTEINBIOSYNTHESE – WIE MAN WINZIG KLEINE MASCHINEN BAUT

Du hast ja schon erfahren, dass Proteine so etwas wie kleine Maschinen sind. Sie sind für die Funktionen in den Lebewesen verantwortlich. Ein Beispiel für ein Protein ist das Hämoglobin. Es transportiert den Sauerstoff von der Lunge in deine Körperzellen und nimmt von dort Kohlendioxid wieder mit zurück zur Lunge, damit wir es ausatmen können. Doch wo kommen Proteine eigentlich her?

Proteine sind genau genommen nur lange verknotete Ketten. Jedes Kettenglied besteht aus einem bestimmten Molekül. Wissenschaftler nennen diese Moleküle Aminosäuren. Alle Proteine in deinem Körper sind aus nur 21 unterschiedlichen Aminosäuren hergestellt. Welches Protein entsteht, hängt von der Reihenfolge dieser Aminosäuren ab. Die Reihenfolge wiederum ist im Bauplan der Zelle, der DNA oder RNA, gespeichert.

Die roten Blutplättchen in deinem Blut produzieren in sich ganz viel Hämoglobin.

Die Anweisung für die Herstellung dieses Stoffes wird nur in deinen Blutplättchen aus der DNA abgelesen.

Auch bei der DNA und RNA handelt es sich um eine lange Kette. Jeweils drei Kettenglieder stehen für eine der 21 Aminosäuren. Wenn nun ein Protein, zum Beispiel Hämoglobin, gebaut werden soll, dann wird die DNA im Zellkern abgelesen und in Form der RNA zu den sogenannten **Ribosomen** gebracht. Diese Ribosomen lesen nun die RNA ab und setzen jeweils für drei Kettenglieder eine Aminosäure an die nächste. Dadurch entsteht eine ganz bestimmte Kette von Aminosäuren. Diese Kette verknotet sich auf eine charakteristische Art und Weise und schon haben wir ein Protein, das ganz bestimmte Funktionen erfüllt. Beispielsweise wird Sauerstoff transportiert, Nahrung zersetzt oder dafür gesorgt, dass ein Nährstoff in eine Zelle rein- oder aus ihr raustransportiert wird.

Schon vor Urzeiten war die RNA dafür verantwortlich, dass sich die Aminosäuren in einer festgelegten Reihenfolge aneinanderbanden. So entstanden die ersten Proteine mit ihren speziellen Funktionen. Im Laufe der Zeit sind immer mehr Anleitungen für den Bau von Proteinen hinzugekommen. Wir sprechen heute von den Genen, denn stark vereinfacht kann man sagen: Jedes einzelne Gen enthält den Bauplan für ein bestimmtes Protein. Das ist aber nicht ganz richtig, denn manche Proteine sind zusammengesetzt und haben mehrere Gene als Grundlage.

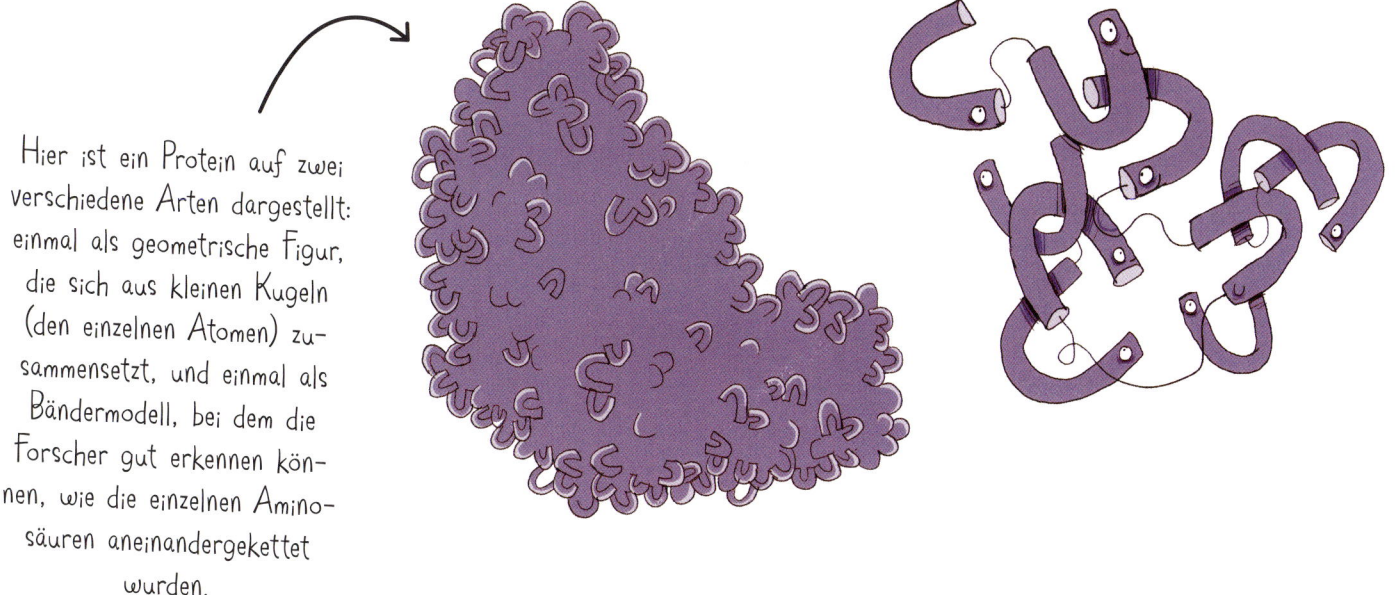

Hier ist ein Protein auf zwei verschiedene Arten dargestellt: einmal als geometrische Figur, die sich aus kleinen Kugeln (den einzelnen Atomen) zusammensetzt, und einmal als Bändermodell, bei dem die Forscher gut erkennen können, wie die einzelnen Aminosäuren aneinandergekettet wurden.

IM REICH DER MIKROBIOLOGIE

INFOKASTEN 2

Spontanzeugung oder Urzeugung

Wird trockenes Heu mit klarem Flusswasser übergossen, dann wimmelt es nach einigen Tagen in dem Aufguss nur so von Leben. Deshalb glaubten die Menschen früher, dass Leben jederzeit und überall aus dem Nichts entstehen kann, und erfanden den Begriff „Spontanzeugung" oder auch „Urzeugung". Doch das war falsch und darf nicht mit der heutigen Vorstellung von der Entstehung des Lebens (siehe Seite 62) verwechselt werden.

Seit der Entdeckung von Mikroorganismen durch die Experimente von Louis Pasteur (siehe nächstes Kapitel) wissen wir es besser: Im Wasser oder am Heu waren Eier oder **Zysten** von Tieren, aus denen Würmer und andere Lebewesen geschlüpft sind.[13]

Aus Heu und Wasser macht man einen Heuaufguss. In ihm kann man prima beobachten, wie es nach ein paar Tagen von Leben nur so wimmelt.

SCHRITT 4: WIE AUS MEHREREN LEBEWESEN EINES WIRD – DIE ENDOSYMBIONTENTHEORIE

Schon vor drei Milliarden Jahren gab es ganz viele unterschiedliche Bakterien. Einige hatten gelernt, die Energie des Lichtes zu nutzen, und andere konnten prima Zucker in Energie verwandeln. Die Endosymbiontentheorie besagt, dass sich eine größere Zelle irgendwann über eine kleinere Zelle gestülpt und sich diese einverleibt hat. Doch noch bevor sie begonnen hatte, die kleine Zelle zu verdauen, hat sie festgestellt, dass es viel praktischer ist, den Winzling in sich am Leben zu lassen. Seit jener Zeit haben alle Zellen (außer den Bakterienzellen) kleine Mitbewohner. Eine Art heißt Mitochondrien. Mitochondrien können aus Zucker und aus Fett Energie für die Zelle machen – eine super Sache. Die Pflanzen sind noch ein Stück weiter gegangen: Sie besitzen neben den Mitochondrien eine eigene Zuckerfabrik, die Chloroplasten. Die sind in den Blättern und allen grünen Bestandteilen der Pflanze. Was sie benötigen, um Zucker herzustellen? Sonne, ein bisschen Kohlendioxid und Wasser, fertig ist die Energiebombe. Beeindruckend, oder?

INFOKASTEN 3

Wenn sich Forscher Zellen im Mikroskop ansehen, dann entdecken sie, dass die Mitochondrien und Chloroplasten zwei Membranen haben. Die äußere Membran gehört zur Zelle, aber die innere Membran stammt direkt von der Bakterie ab, die vor Urzeiten gefressen wurde. Diese Bakterien haben sich seit damals in allen Zellen von Pflanzen, Tieren und Pilzen vermehrt und ohne sie würden auch wir keine einzige Sekunde überleben. Jede einzelne deiner Zellen hat 1.000 bis 2.000 Mitochondrien in sich und jedes einzelne Mitochondrium ist eigentlich ein kleines Lebewesen für sich.

SCHRITT 5: EVOLUTION – VOM EINFACHEN ZUM KOMPLEXEN

Nun gab es also die ersten Zellen mit Zellkern und Zellbestandteilen (Zellorganellen) wie den Mitochondrien. Irgendwann stellten die Zellen fest, dass sie gemeinsam viel mehr erreichen können. Schwämme zum Beispiel klebten sich aneinander und setzten sich am Boden fest. Sie konnten so an einer für sie günstigen Stelle bleiben und wurden nicht immer wieder im Wasser hin und her geschwemmt.

Dazu mussten sie sich aber spezialisieren: Einige Zellen waren nur noch dafür da festzuwachsen, andere schufen einen Körper mit vielen Löchern und Hohlräumen und wieder andere spezialisierten sich darauf, eine kleine Strömung zu erzeugen, sodass immer frisches Wasser mit Nahrung durch das nun mehrzellige Tier strömen konnte. Wenn nun ein neuer Schwamm entstanden ist und wächst, dann werden sich aus den Zellen, die in Kontakt zum Boden gekommen sind, die Haftorgane bilden. Die Zellen, die daran hängen, bauen den Körper, und wenn dieser zu groß wird und nicht mehr genug Nahrung bekommt, entstehen andere, die die Strömung erzeugen. Das funktioniert, weil jede einzelne Zelle den gesamten Bauplan des Schwammes enthält. Es werden übrigens immer nur die Gene aus der DNA ausgelesen, die gerade gebraucht werden. Die anderen werden blockiert.

Von Generation zu Generation wurden nun diese speziellen Eigenschaften weitervererbt. Leider funktioniert der Prozess der Vererbung nicht immer hundertprozentig perfekt und hin und wieder schleichen sich kleine Fehler ein. Diese Fehler, genannt Mutationen, führen meist dazu, dass der Organismus nicht richtig funktioniert. Doch manchmal entsteht durch Mutation auch etwas, das von Vorteil ist, und der Organismus funktioniert besser. Die Organismen mit dem neuen Bauplan haben nun einen Vorteil und setzen sich gegenüber anderen durch. Auf diese Weise sind neue Arten entstanden und letztlich auch der Mensch.

Doch wusstest du, dass du mit deinem Popo isst? Nein? Dann schau mal in den Infokasten!

INFOKASTEN 4

Ein wichtiger Schritt im Verlauf der Evolution war die Entstehung der Neumundtiere (*Deuterostomia*). Dazu gehören Säugetiere, Vögel, Reptilien und Fische. Ihnen gegenüber stehen die Urmünder (*Protostomia*), wie zum Beispiel die Würmer, Insekten und Krebse. Zwischen diesen beiden Gruppen gibt es ganz offensichtlich viele Unterschiede. Der wesentlichste Unterschied ist allerdings unsichtbar. Er ist auch ein bisschen unappetitlich: Würmer, Insekten und Krebse essen mit ihrem Mund, wir Menschen dagegen nicht. Als sich Ur- und Neumünder voneinander trennten, „beschlossen" unsere Vorfahren, die damals nicht mehr als ein paar Millimeter große wurmartige Tiere waren, mit ihrem Hinterteil, also dem After, zu essen. Der Neumund, unser heutiger Mund, ist also biologisch gesehen der Popo – aber lass dir davon nicht den Appetit verderben.

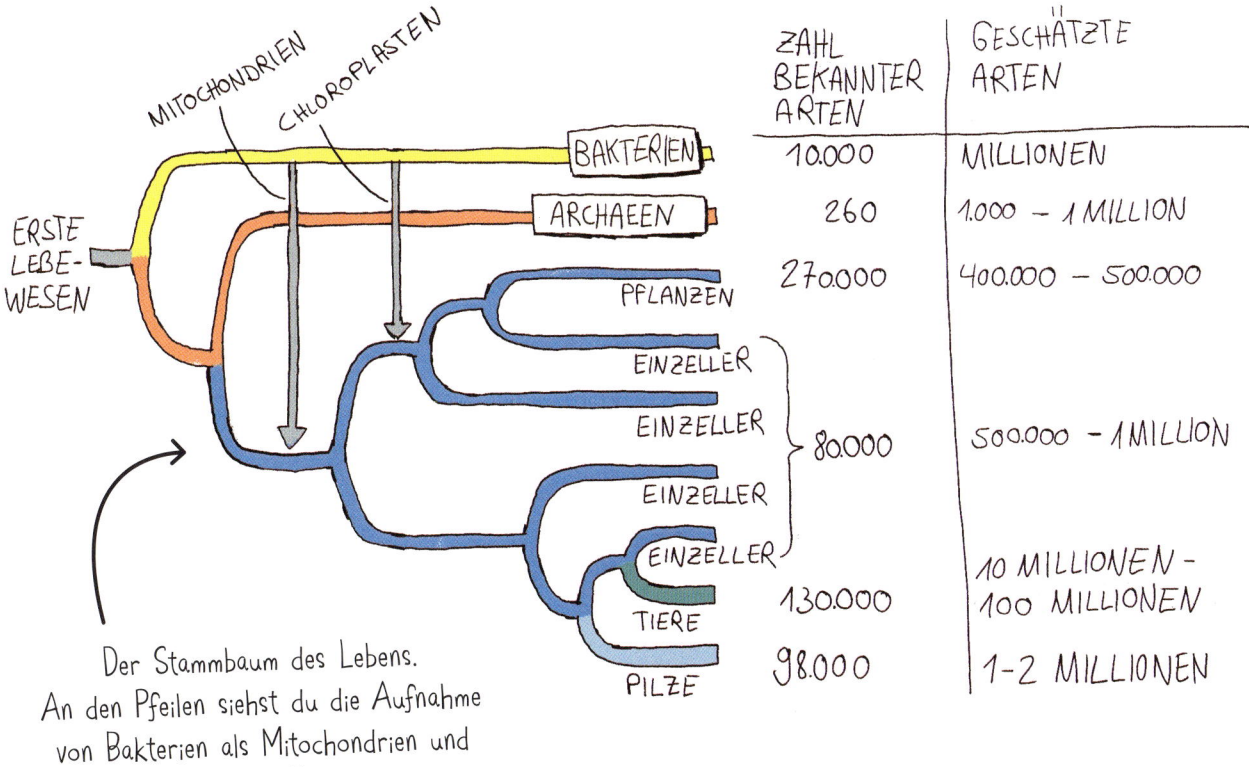

Der Stammbaum des Lebens. An den Pfeilen siehst du die Aufnahme von Bakterien als Mitochondrien und Chloroplasten (siehe Endosymbiontentheorie auf Seite 69)

ZEITREISE IN DIE ENTDECKUNGSGESCHICHTE

Die geheimnisvolle Suche nach den unsichtbaren Krankheitserregern

Schon vor 2.000 Jahren haben sich die alten Römer für die kleinen Dinge interessiert und nutzten mit Wasser gefüllte Glasschalen als Vergrößerungslinsen. So richtig los ging es aber erst vor 500 Jahren mit dem Bau der ersten Mikroskope.

Wenn Katrin an diese Zeit denkt, stellt sie sich vor, wie sie wohl ohne Brille hätte leben müssen. Lesen oder Schreiben wäre für sie kaum möglich gewesen, denn ohne Brille kann sie fast nichts erkennen. Es muss ein Segen für die Menschen mit Sehschwäche gewesen sein, als die ersten Gläser so gut zu Linsen geschliffen wurden, dass sie ihnen helfen konnten. Zwei der sogenannten Brillenschleifer waren Hans Janssen und sein Sohn Zacharias. Irgendwann kamen sie auf die geniale Idee, Linsen zu kombinieren, und schon hatten sie im Jahre 1590 das erste Mikroskop erfunden.

Leider war alles, was sie sahen, sehr unscharf, denn sie vergrößerten nicht nur, was sie sehen wollten, sondern auch die Fehler in ihren nicht perfekt geschliffenen Linsen. Das muss sehr frustrierend gewesen sein, denn sie waren die besten Brillenschleifer ihrer Zeit, doch für ein Mikroskop waren ihre Linsen nicht gut genug.

Vierzig Jahre später wurde Antoni van Leeuwenhoek geboren. Auch er war ein begnadeter Linsenschleifer, aber sein Mikroskop bestand lediglich aus einer, fast kugelförmigen, Linse. Der große Vorteil war die Verwendung von nur einer Linse, denn so gab es gar keine anderen Linsen, deren Fehler sie hätte vergrößern können. Mit seinem Mikroskop gelang ihm eine bis zu 270-fache Vergrößerung. Vermutlich war er der erste Mensch, der ein Bakterium gesehen hat.

Bis spät ins 19. Jahrhundert hinein wurde versucht, die Mikroskope durch Ausprobieren zu verbessern. Erst im Jahr 1873 ging Ernst Abbe einen anderen Weg: Er berechnete ein Mikroskop. Dazu nutzte er die Erkenntnisse der Physik und kombinierte verschiedene Glassorten in sinnvoller Weise miteinander. Mikroskope nach seinen Vorgaben eröffneten den Wissenschaftlern ungeahnte Möglichkeiten. Ernst Abbe berechnete sogar die maximale Vergrößerung eines Lichtmikroskops voraus. Knapp sechzig Jahre später, 1931, gelang es Ernst Ruska und Max Knoll, diese Grenze mit dem **Elektronenmikroskop** zu überwinden. Elektronenmikroskope haben allerdings einen großen Nachteil: Es können damit nur tote Dinge vergrößert werden, denn alles, was man sehen will, muss mit Metall bedampft werden.

Mithilfe der Mikroskopie, aber auch mit anderen Methoden begaben sich die Forscher immer tiefer in den Lebensraum der Mikroorganismen hinein. Sie interessierten sich natürlich hauptsächlich für Krankheiten, um Mittel dagegen zu entwickeln. Der englische Arzt Edward Jenner führte 1796 die erste Impfung durch. Sein „Versuchstier" war ein achtjähriger Junge, den er nach der Impfung mit einer todbringenden Krankheit infizierte (dazu mehr im Kapitel *Impfung*). Der Junge überlebte und die Impfung rettete letztlich Tausenden, wenn nicht Hunderttausenden Menschen das Leben.

Bei den alten Römern wurde eine Glasschale mit Wasser zum Vergrößerungsglas.

Heute sind Lichtmikroskope so gut optimiert, wie es nur geht, man kann sogar mit unterschiedlichen Objektiven (siehe Bild) die Vergrößerung verändern.

IM REICH DER MIKROBIOLOGIE

INFOKASTEN 1

Ernst Abbe muss eine beeindruckende, kluge und sehr freundliche Person gewesen sein. Er wurde im Jahre 1840 in Eisenach geboren und wuchs als Sohn einer Arbeiterfamilie auf. Sein Talent für die Naturwissenschaften wurde früh erkannt und so konnte er mit der Unterstützung des Arbeitgebers seines Vaters eine höhere Schule und später auch eine Universität besuchen. Messinstrumente interessierten ihn besonders. Er wollte verstehen, wie sie funktionieren, um sie dann zu verbessern. In Jena lernte er den 24 Jahre älteren Carl Zeiss kennen, in dessen Firma Mikroskope produziert wurden. Ernst Abbes Berechnungen ermöglichten es der Firma, die besten Mikroskope der damaligen Zeit zu bauen. Ernst Abbe wurde zum Teilhaber der Firma und nach dem Tod seines Förderers Carl Zeiss sogar zum Besitzer. Seinen plötzlichen Reichtum nutzte er, um die Welt etwas besser zu machen: Er reduzierte die Arbeitszeit seiner Angestellten von zwölf auf acht Stunden am Tag und setzte sich politisch für mehr Gerechtigkeit ein.

Danach jagte eine Entdeckung die nächste: Der Arzt Ignaz Philipp Semmelweis wies 1847 nach, dass Ärzte in den Geburtskliniken eine schwere Krankheit, das Kindbettfieber, von einer gebärenden Frau zur nächsten übertrugen. Ohne es zu wissen, infizierten die Ärzte unzählige Frauen. Trotz der neu erworbenen Erkenntnisse von Ignaz Semmelweis weigerten sich die Ärzte über Jahre, etwas an ihrem Verhalten zu ändern. Schließlich hätten sie ja zugeben müssen, dass sie für den Tod unzähliger junger Mütter verantwortlich waren. Noch heute spricht man vom Semmelweis-Reflex und meint damit, dass etwas Richtiges nicht getan wird, weil man es eben immer so gemacht hat – auch wenn es falsch war. Erst als die Ärzte Semmelweis' Empfehlungen folgten und sich die Hände wuschen, bevor sie zur nächsten Patientin gingen, wurde das schreckliche Sterben beendet.

Die meisten Wissenschaftler sind wild darauf zu verstehen, warum und wie genau etwas funktioniert. Manche von ihnen sind dafür sogar bereit, Risiken einzugehen. Robert Koch war ein solcher Forscher. Er tat etwas sehr Riskantes: Er züchtete Krankheitserreger. Natürlich wollte er niemanden damit krank machen. Doch er wollte die Keime unbedingt besser verstehen und genau wissen, wie sie leben. Denn er wusste: Nur dann können Menschen vor Krankheiten geschützt werden. In Indien entdeckte er zum Beispiel, dass die Übertragung der **Cholera** über das Trinkwasser geschah. Mit diesem Wissen und der Einführung einfacher Hygieneregeln (siehe Kapitel *Hygiene*) erreichte er, dass viel weniger Menschen an der Cholera erkrankten. Robert Koch entwickelte auch Medikamente. Damit hatte er allerdings weniger Erfolg und sorgte für den ersten Medikamentenskandal in der Geschichte der Menschheit (doch dazu mehr im Kapitel *Medikamente*).

Du hast sicher schon beobachtet, dass Lebensmittel nach einiger Zeit anfangen zu faulen. Der Grund: Sie werden von Mikroorganismen aufgefuttert. Wenn diese aber abgetötet werden, bleibt Essen länger haltbar. Vielleicht hast du einmal auf einer Milchverpackung gelesen, dass die Milch pasteurisiert wurde. Damit ist gemeint, dass sie erhitzt wurde und dass dabei fast alle Mikroorganismen getötet wurden. Die Milch ist so länger haltbar. Die Idee dazu hatte Louis Pasteur, der durch seine Experimente auch die Vorstellung einer spontanen Urzeugung (siehe Infokasten auf Seite 68) widerlegte. Wie du schon weißt, wimmelt es in einem Heuaufguss nach ein paar Tagen von Leben.

Louis Pasteur (links) und Robert Koch (rechts): Ihre Gedanken und Experimente standen am Anfang der Mikrobiologie.

IM REICH DER MIKROBIOLOGIE

Wird der Aufguss aber gekocht und luftdicht verschlossen, passiert nichts. Alle enthaltenen Lebewesen werden durch die Hitze getötet und durch den Luftabschluss können keine neuen hinzukommen. Auch in Krankenhäusern werden die Operationsinstrumente nach Pasteurs Erhitzungsmethode desinfiziert.

Robert Koch und Louis Pasteur gelten als Begründer der medizinischen Mikrobiologie. Ihr Wissen hilft uns heute noch im Kampf gegen Corona und Co.

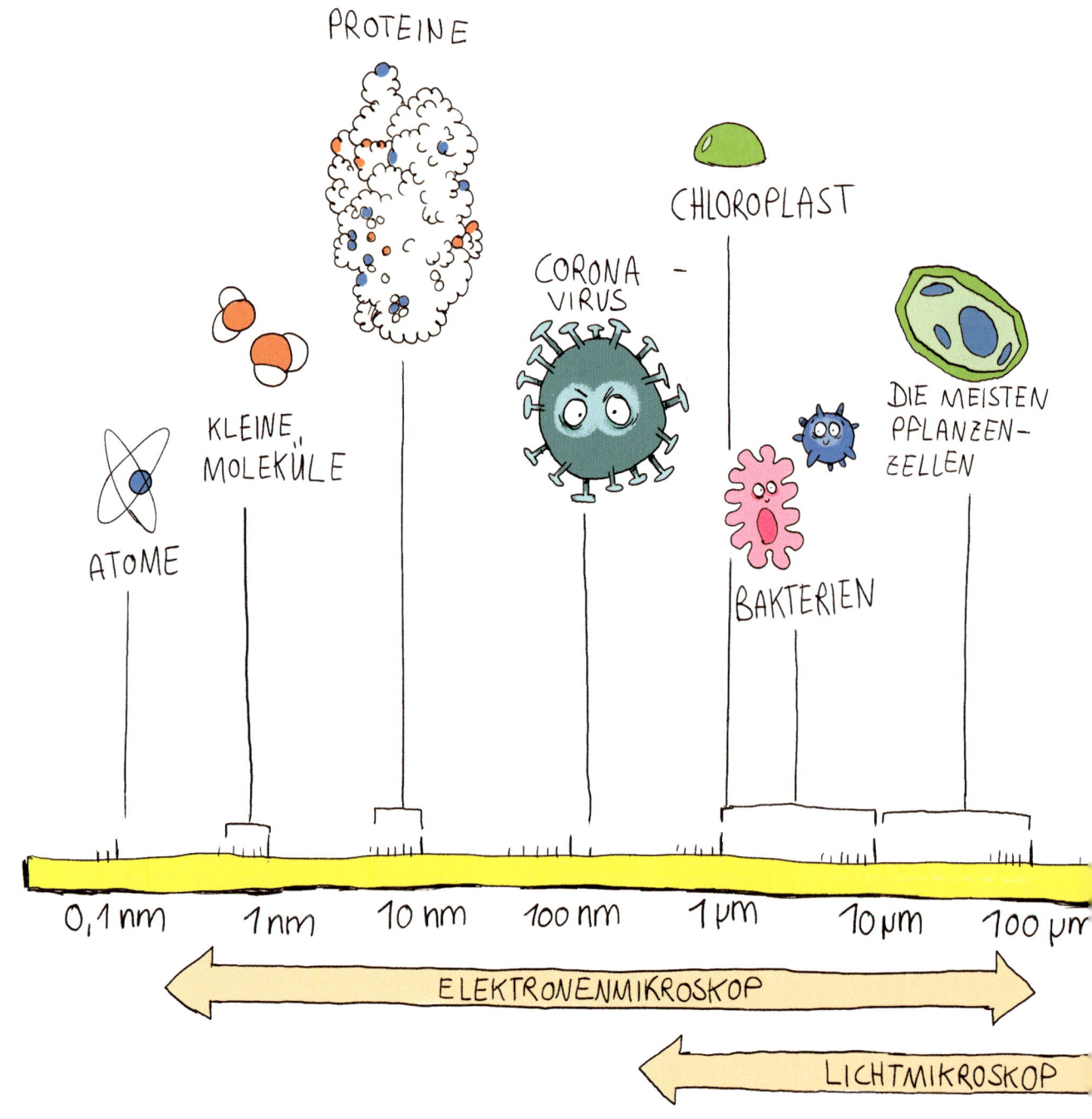

INFOKASTEN 2

Das Robert Koch-Institut (RKI)

Spätestens seit dem Ausbruch der Corona-Pandemie kennt jeder das Robert Koch-Institut. Sein Direktor, Prof. Lothar Wieler, war Anfang 2020 vermutlich der meistgesehene Wissenschaftler im deutschen Fernsehen. Aber auch schon vor der Krise war das RKI eine wichtige Instanz in Deutschland. Es ist dem Gesundheitsministerium direkt untergeordnet und handelt als eine eigenständige Behörde. Für viele Ärzte und Fachleute ist das RKI die erste Anlaufstelle im Internet, wenn es um verlässliche und tief gehende Informationen über Krankheiten geht. Du findest es unter www.rki.de.

Steriles Arbeiten im Krankenhaus rettet täglich Millionen Menschen das Leben.

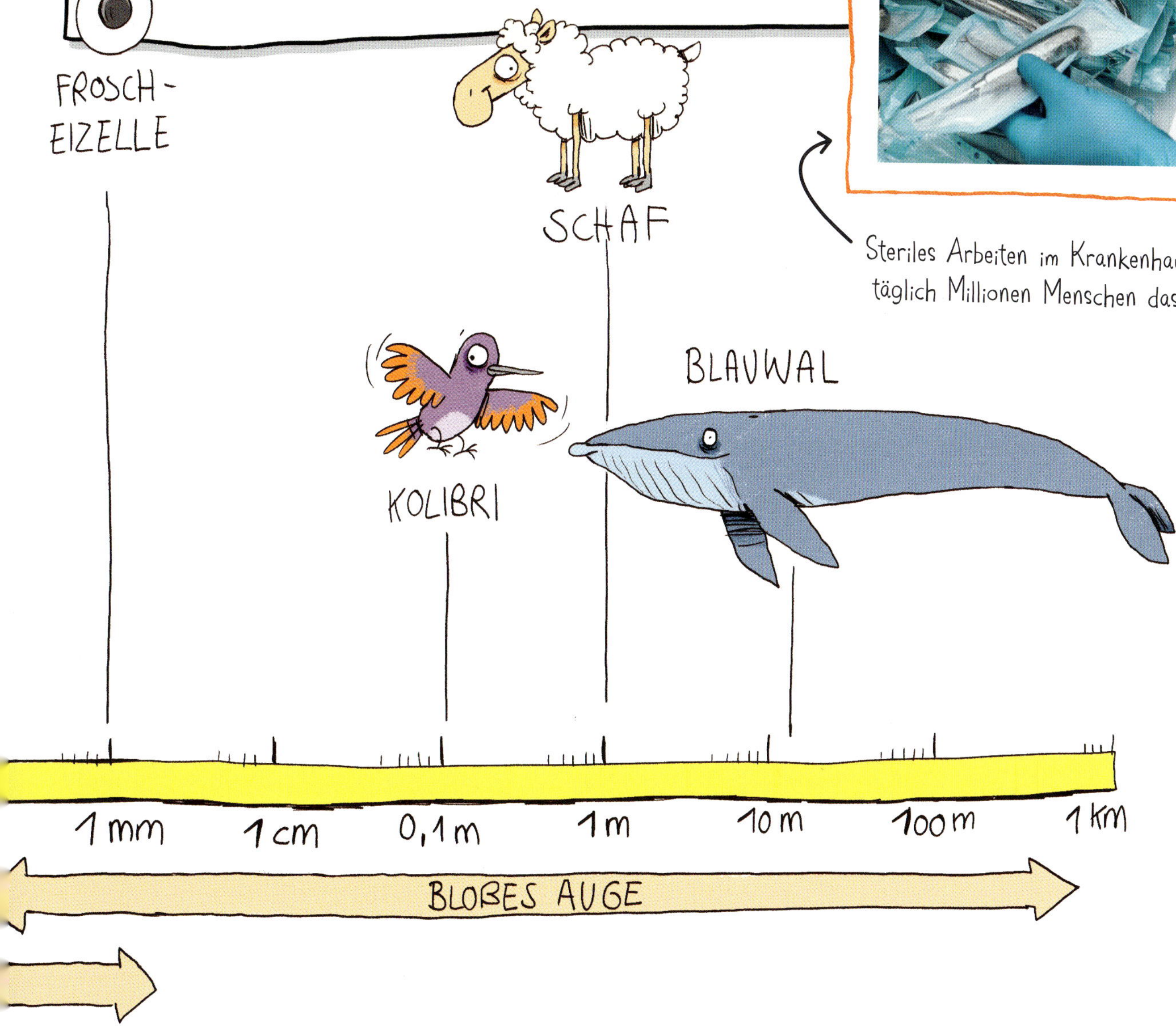

FROSCH-EIZELLE

SCHAF

KOLIBRI

BLAUWAL

1 mm — 1 cm — 0,1 m — 1 m — 10 m — 100 m — 1 km

BLOßES AUGE

IM REICH DER MIKROBIOLOGIE

Alles, was wir nicht sehen können, können wir uns auch nicht gut vorstellen. In der Mikrobiologie kann man kaum etwas sehen und so müssen sich die Forscher viel vorstellen. Genauso wie du benutzen sie ihre Fantasie. Es ist aber eine tolle Hilfe, wenn man sich gut vorstellen kann, was wie groß ist. Du hast in diesem Buch etwas über Mikrometer (μm) gelesen und vielleicht hast du schon einmal gehört, dass die Computerfestplatte deiner Eltern zwei Terabyte (TB) groß ist. Auf dieser Doppelseite möchten wir dir zeigen, wie einfach es sich die Mathematiker gemacht haben.

Dein Haar ist zum Beispiel 0,05 mm (Millimeter) oder 50 μm (Mikrometer) dick und dein Schulweg 1,5 km (Kilometer) oder 1.500 m (Meter) lang. So einfach ist das alles. Man könnte sogar den Abstand zum Mond statt in Kilometern (384.000 km) in Nanometern (384.000.000.000.000.000 nm) angeben. Komischerweise sagt aber niemand, der Mond ist 384 Mm (Megameter) entfernt, obwohl das richtig wäre, cool klingt und kürzer ist.

In der letzten Spalte (gelb) auf Seite 79 siehst du noch einen besonderen Trick der Mathematiker. Damit sie nicht so viele Nullen schreiben müssen, gibt es die kleine hochgesetzte Zahl. Sie gibt die Anzahl der Nullen hinter oder vor der 1 an. Zum Beispiel ist die 10^9 eine 1 mit 9 Nullen nach der 1 und die 10^{-9} eine 1 mit 9 Nullen vor der 1.

INFOKASTEN 3

Trilliarde	Zetta	Z	1.000.000.000.000.000.000.000		10^{21}
Trillion	Exa	E	1.000.000.000.000.000.000		10^{18}
Billiarde	Peta	P	1.000.000.000.000.000		10^{15}
Billion	Tera	T	1.000.000.000.000		10^{12}
Milliarde	Giga	G	1.000.000.000		10^{9}
Million	Mega	M	1.000.000		10^{6}
tausend	Kilo	k	1.000		10^{3}
hundert	Hekto	h	100		10^{2}
zehn	Deka	da	10		10^{1}
eins				1	10^{0}
Zehntel	Dezi	d		0,1	10^{-1}
Hundertstel	Zenti	c		0,01	10^{-2}
Tausendstel	Milli	m		0,001	10^{-3}
Millionstel	Mikro	μ		0,000.001	10^{-6}
Milliardstel	Nano	n		0,000.000.001	10^{-9}

In dieser Tabelle sind einige übliche Maßzahlen zusammengefasst. Sie helfen unter anderem bei der genauen Angabe von Größe, Gewicht oder Speicherplatz einer Festplatte. Zum Beispiel kennst du:

- ein Meter (1 m)
- fünf Zentimeter (5 cm)
- zehn Kilometer (10 km)
- ein Kilogramm (1 kg)
- drei Terabyte (3 TB)

KRANKHEITEN UND WAS WIR TUN KÖNNEN

Der Kampf gegen einen Unsichtbaren

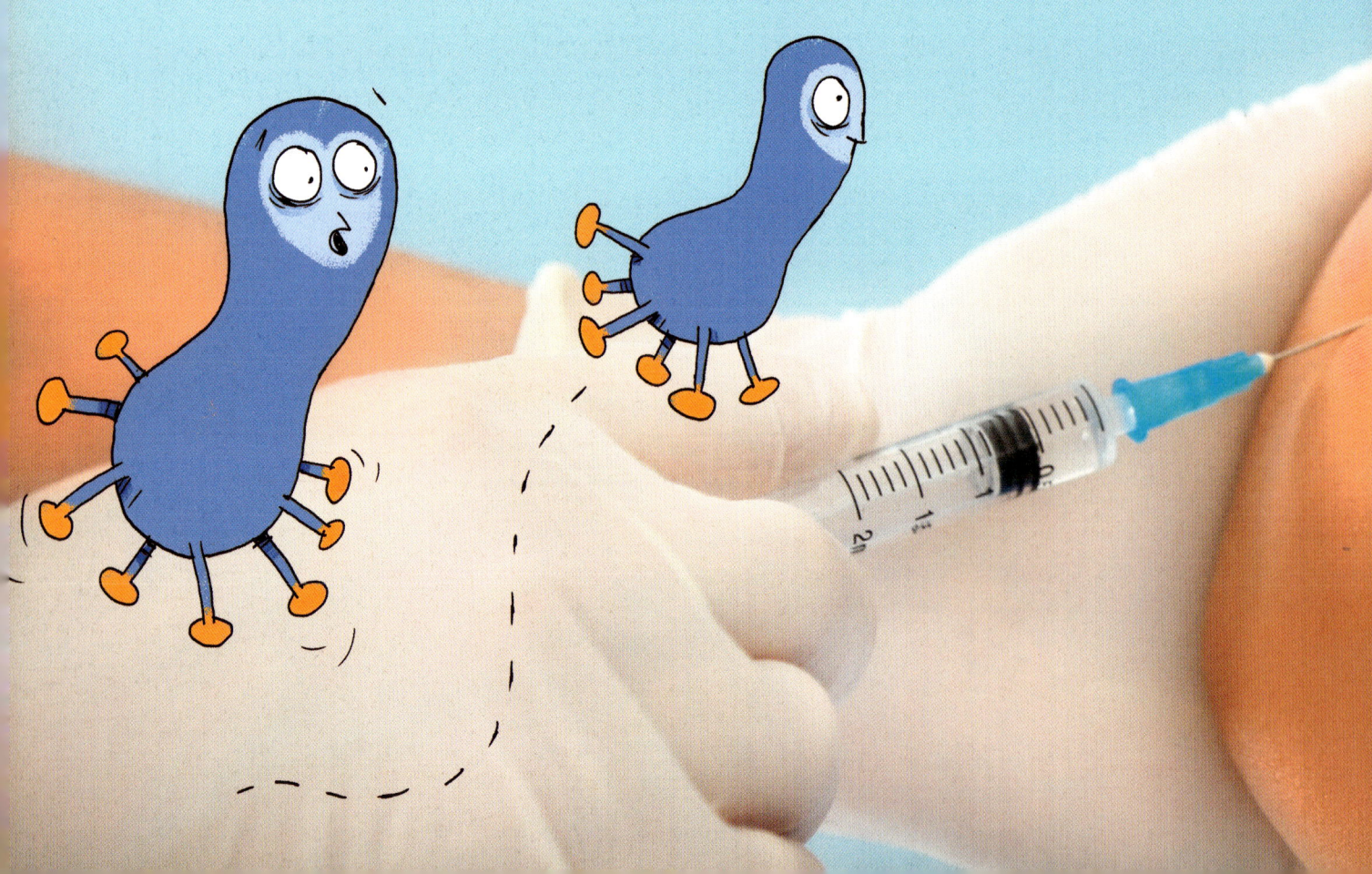

WAS IST EINE PANDEMIE?

Ein Problem, das wir selbst geschaffen haben

Die meiste Zeit der Menschheitsgeschichte gab es keine Pandemien. Natürlich hatten unsere Vorfahren Krankheiten, wir können diese sogar im Zahnstein der Gebisse von Steinzeitmenschen nachweisen. Doch damals lebten die Menschen in kleinen, voneinander getrennten Gruppen und so konnten sich Krankheiten nicht gut ausbreiten. Große Gruppen hätten in der Natur einfach nicht genügend Nahrung gefunden. Doch unsere Vorfahren waren sich Krankheiten sehr wohl bewusst. Genauso wie einige andere Tiere kannten sie sogar schon medizinische Gegenmaßnahmen (doch dazu mehr in den Kapiteln *Hygiene, Impfung* und *Medikamente*).

Mit der Entstehung der ersten festen Siedlungen vor ca. 10.000 Jahren und dem Beginn des Ackerbaus wurde auch der Handel über größere Entfernungen erfunden. Wenn Krankheitserreger jubeln könnten, dann hätten sie dies vermutlich gefeiert! Denn endlich konnten sie sich nicht nur in einer kleinen Population ausbreiten. Mit dem Handel und den Reisen stand ihnen plötzlich die ganze Welt offen.

Die wohl bekannteste pandemische Krankheit ist die Pest (siehe Infokasten rechts). Über die dritte Pest-Pandemie wissen wir am meisten, denn sie ist nur etwas mehr als 100 Jahre her. Sie brach genauso wie das Coronavirus in China aus. Von dort verbreitete sie sich über die ganze Welt. Wie du im Kapitel *Zeitreise in die Entdeckungsgeschichte* schon erfahren hast, gab es in Europa viele Wissenschaftler, die sich mit Mikrobiologie beschäftigten. Ihr Wissen wurde damals im Kampf gegen die

Pest angewendet und so blieb Europa das Schlimmste erspart. Laut Dokumenten aus dieser Zeit starben in Europa lediglich 457 Menschen. Die internationale Zusammenarbeit, die konsequente Einhaltung von Quarantänemaßnahmen und eine allgemein verbesserte Hygiene retteten vermutlich Millionen Europäern das Leben.

Früher dachten die Menschen, dass die Pest von Ratten übertragen wird. Doch das ist falsch. Die Nager können zwar Träger der Pest sein, übertragen wird sie aber durch den Stich eines Flohs. Keine Flöhe = keine Pest, so einfach ist das manchmal.[14] Ist die Pest aber erst einmal ausgebrochen, kann sie über Tröpfchen auch von Mensch zu Mensch übertragen werden.

INFOKASTEN 1

Die Pest, ausgelöst durch das Bakterium *Yersinia pestis*, hat mindestens drei große Pandemien ausgelöst:

- die Justinianische Pest im 6. Jahrhundert: Manche Wissenschaftler glauben, dass im Oströmischen Reich bis zur Hälfte der Bevölkerung starb.

- den „Schwarzen Tod" im 14. Jahrhundert: Diese Pandemie dauerte sieben Jahre und kostete möglicherweise 25 Millionen Menschen das Leben – ein Drittel der damaligen Bevölkerung.

- bei der dritten Pest-Pandemie am Ende des 19. Jahrhunderts starben weltweit mehr als zwölf Millionen Menschen.

Achtung: Die Pest ist noch nicht ausgerottet, im Juli 2020 brach sie im Norden Chinas aus.

KRANKHEITEN UND WAS WIR TUN KÖNNEN

Die vielen an der Pest verstorbenen Menschen konnten nicht schnell genug begraben werden und so begannen sie zu **verwesen**. Der dadurch entstandene Gestank war kaum zu ertragen. Deshalb banden sich Ärzte und Helfer kleine Säckchen mit duftenden Kräutern vor die Nase. Später ist daraus die Vogelmaske entstanden, in der die Kräuter getragen wurden.

Die Pest wird von Flöhen auf den Menschen übertragen.

In unserer kleinen *Zeitreise in die Entdeckungsgeschichte* hast du bereits von der Cholera gelesen. Auch die Cholera hat in den Jahren 1817 bis 1824 zu einer Pandemie geführt, obwohl sie eine Krankheit ist, die normalerweise nur als Epidemie auftritt. Doch was ist eigentlich der Unterschied zwischen einer Pandemie und einer Epidemie? Und was ist eigentlich eine Endemie oder eine Seuche?

INFOKASTEN 2

- Seuche = ansteckende Krankheit, die sich rasch verbreitet. Der Begriff wird meist nur in Verbindung mit Erkrankungen von Tieren verwendet (z. B. Maul- und Klauenseuche bei Rindern, Rehen und Elefanten).

- Endemie = räumlich begrenzt, aber zeitlich unbegrenzt (z. B. Malaria)

- Epidemie = zeitlich und räumlich begrenzt (z. B. Masern-Epidemie im Kongo 2019. Dabei starben 6.000 nicht geimpfte Menschen, hauptsächlich Kinder. Auch die Cholera löst üblicherweise eine Epidemie aus. Denn ihre Verbreitung über das Wasser begrenzt normalerweise ihre Ausbreitung.)

- Pandemie = räumlich unbegrenzt, aber zeitlich begrenzt (z. B. Corona aktuell oder 2009/2010 die Schweinegrippe mit 18.000 Toten)

KRANKHEITEN UND WAS WIR TUN KÖNNEN

Das große Problem bei einer Pandemie: Hat sich ein Erreger erst einmal über den gesamten Globus verbreitet, ist er kaum noch in den Griff zu bekommen. Theoretisch reicht ein einziger Infizierter, um eine Pandemie auszulösen. Ein Erreger wie Corona könnte aber auch innerhalb einer kurzen Zeit ausgerottet werden. Eine weltweite, vollständige **Quarantäne** mit Ausgangssperre über eine Zeitspanne von der Ansteckung bis zur Ausheilung der Krankheit, und schon hat kein einziges Virus überlebt. Der Direktor des Deutschen Beratungszentrums für Hygiene, Ernst Tabori, hat uns in einem Gespräch aber erzählt, dass so etwas noch nicht einmal diskutiert wird. Es ist einfach unmöglich durchzusetzen, dass alle Menschen weltweit sich für zum Beispiel zwei bis drei Wochen komplett von anderen Menschen fernhalten. Sind nur wenige angesteckt, funktioniert diese Strategie, wenn diese Menschen einschließlich ihrer Kontaktpersonen unter Quarantäne gestellt werden. Von Herrn Tabori stammt übrigens ein toller Vergleich zum Thema Händewaschen. Was das mit Spinnen zu tun hat, erfährst du im Kapitel *Hygiene*.

Wie du bei Corona bestimmt schon mitbekommen hast, gibt es grundsätzlich folgende Möglichkeiten, eine Pandemie loszuwerden:

- Die **Ansteckungsrate** wird durch Quarantäne extrem reduziert (man gewinnt Zeit).

- Forscher finden ein Medikament (leider ist das bei Viren gar nicht so einfach, siehe Kapitel *Medikamente*).

- Die meisten Menschen stecken sich mit der Krankheit an und in der Bevölkerung entwickelt sich eine Herdenimmunität (siehe Infokasten auf Seite 133).

- Mithilfe einer Impfung werden die meisten Menschen immunisiert (die Entwicklung und Herstellung der Impfung braucht aber viel Zeit).

INFOKASTEN 3

Viren und die Grippe

Kurze Zeit nach der letzten Pest-Pandemie hatte Europa nicht so viel Glück – die sogenannte Spanische Grippe (1918–1920) schlug erbarmungslos zu. Eine Grippe wird von Viren ausgelöst. Die Viren der Spanischen Grippe stammten übrigens nicht aus Spanien, sondern wurden vermutlich von amerikanischen Soldaten nach Europa gebracht. Die Spanische Grippe soll bis zu 50 Millionen Menschen weltweit das Leben gekostet haben.

Ein ganz ähnlicher Erreger löste 2009/2010 die Schweinegrippe oder auch Mexikanische Grippe aus. Für kurze Zeit war die Welt in Panik, denn es wurden ähnliche Verhältnisse wie 1920 befürchtet. Zum Glück stellte sich heraus, dass die Pandemie nicht so gefährlich war wie erwartet.

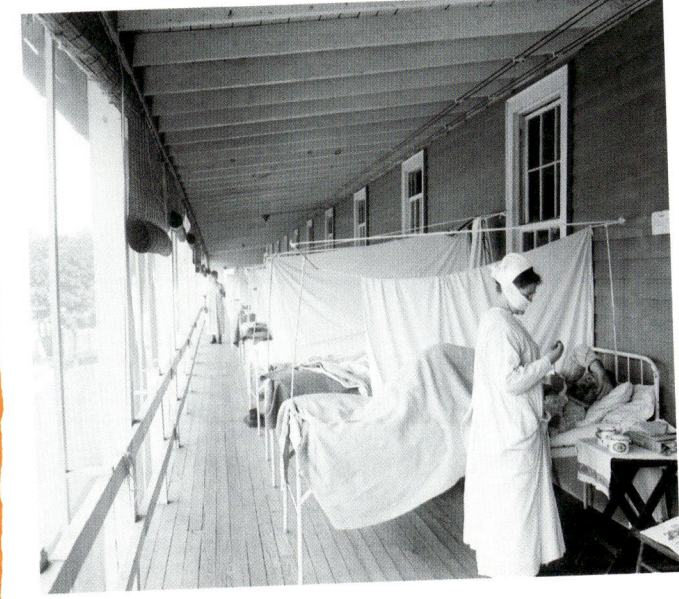

Vor ca. 100 Jahren erlebte die Welt eine schreckliche Pandemie: die Spanische Grippe.

HYGIENE

Uncool, aber genial – der Trick mit den Übertragungswegen

Wie du am Beispiel des Arztes Ignaz Semmelweis schon erfahren hast, kann Händewaschen Leben retten. Das Problem ist nur, dass man Bakterien und Viren nicht so gut sieht wie eine Spinne.

Wenn du den Übertragungsweg unterbrichst, ist das Hygiene! ❷ *Sie ist extrem wirkungsvoll, einfach anzuwenden und praktisch ohne Nebenwirkungen.*

Hygiene ist unsere wichtigste Waffe im Kampf gegen Krankheitserreger. Und sie funktioniert eigentlich ganz einfach: Du musst einfach nur Abstand zu Kranken halten und dir die Hände waschen, nachdem du kranke Menschen oder auch Tiere angefasst hast. Natürlich gilt das auch für alle Gegenstände, die von Kranken angefasst wurden: Kleidung, Bettwäsche usw. Händewaschen ist natürlich auch vor dem Essen und nachdem du auf der Toilette warst absolut sinnvoll. Doch warum haben Bakterien und Co. trotzdem immer wieder eine Chance, sich auszubreiten? Ein wichtiger Grund ist die Tatsache, dass wir Menschen uns praktisch ständig an den Mund, die Nase oder die Augen fassen. Immer krabbelt irgendwas und wir haben das Bedürfnis, uns zu kratzen. Im Alltag merken wir das oft überhaupt nicht (siehe Experiment auf Seite 90). Doch Keime gelangen so leicht in unseren Körper. Um das zu verhindern, wurde in der Corona-Krise ein Mund- und Nasenschutz angeordnet.

Das Beste an Hygiene ist, dass sie ohne Medikamente und Ärzte funktioniert und theoretisch leicht umzusetzen ist. Das ist

---

❷ Hygiene ist aber natürlich noch mehr, denn Hygiene beschäftigt sich auch mit Umweltschutz und Psychologie, wenn es der Gesundheit der Menschen dient.

aber leider nicht überall auf der Welt so: In vielen Ländern sind die Menschen zu arm, leben sehr beengt und haben kein Geld für Seife oder sauberes Wasser. Kannst du dir das vorstellen?

Hygiene hat aber auch einen großen Nachteil: Wir sind selbst für uns verantwortlich und können die Schuld nicht irgendjemand anderem zuschieben. Hinzu kommt, dass Mikroorganismen praktisch überall sind. In einem Kubikzentimeter Erde (ein Würfel von 1 cm x 1 cm x 1 cm) kann es eine Milliarde Bakterien geben. Doch Krankheitserreger kommen nicht nur im Boden, sondern auch im Wasser und sogar in der Luft vor. Eigentlich scheint es ein Wunder, dass wir überhaupt überleben. Um zu verstehen, wie wir das schaffen, machen wir erneut eine kleine Zeitreise und beginnen vor zwei Millionen Jahren.

Wenn Krankheitserreger so gefährlich aussähen wie eine Spinne auf der Hand, würde keiner das Händewaschen vergessen. Mit einem solchen Bild eröffnet Ernst Tabori, der Direktor des Deutschen Beratungszentrums für Hygiene, gern seine Vorträge.

EXPERIMENT

Wenn du das nächste Mal mit deinen Eltern in den Supermarkt einkaufen gehst, beobachte sie unauffällig. Zähle einfach mit, wie oft sie sich in der Zeit des Einkaufs oder auch nur in 15 Minuten ins Gesicht greifen. In der Zwischenzeit haben sie alle möglichen Dinge angefasst: eure Einkäufe, euren Wagen und vielleicht auch einen anderen Wagen, der im Weg stand. Du wirst überrascht sein, wie viele Möglichkeiten es gibt, sich innerhalb weniger Minuten anzustecken. Im Normalfall ist das natürlich überhaupt kein Problem, aber während einer Pandemie schon.

Die Maske nervt, aber sie rettet unzählige Menschenleben, denn sie schützt nicht nur den Träger.

STEINZEIT

Vielleicht hast du im Fernsehen oder im Zoo schon beobachtet, dass sich Affen gegenseitig entlausen. Das ist eine wichtige gemeinsame Erfahrung und die Tiere zählen sehr genau mit, wie oft sie wen entlaust haben und ob sie mal wieder dran sind. Kommt dir das irgendwie bekannt vor? Rechnest du deinen Geschwistern auch manchmal vor, wie oft du den Tisch abgeräumt hast, und bist der Meinung, dass sie nun mal dran sind? Wenn ja, bist du den Affen sehr ähnlich. Wir können dich beruhigen: Damit bist du nicht allein. Dieses Verhalten ist bei Menschen und sozial lebenden Tieren weitverbreitet.

Du weißt ja schon, dass Flöhe Krankheiten übertragen können. Flöhe zu entfernen, unterbricht den Übertragungsweg und das ist nichts anderes als Hygiene. Es kommt aber noch besser: Unsere nahen Verwandten kennen nämlich sogar **Quarantäne**. Schon vor vierzig Jahren haben Forscher im Freiland beobachtet, dass Schimpansen kranke Tiere aus der Gruppe ausschließen. Bemerkenswert ist, dass sie dabei die kranken Tiere noch nicht einmal berühren.[15] Sie versuchen also, eine direkte Ansteckung von Körper zu Körper zu vermeiden. Erinnert dich das vielleicht an die Maßnahmen gegen Corona? Auch durch das Kontaktverbot soll die Übertragung von Mensch zu Mensch verhindert werden.

Auch unsere nächsten Verwandten kennen medizinische Maßnahmen und Hygiene. Sie stellen zum Beispiel kranke Tiere unter Quarantäne und entfernen sich gegenseitig Parasiten wie hier im Bild.

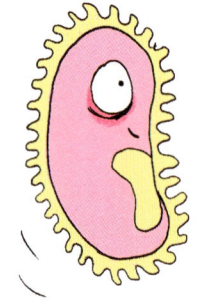

DIE ERSTEN STÄDTE

Im Kapitel *Was ist eine Pandemie?* hast du schon erfahren, dass die Ausbreitung von Krankheiten durch den Handel und das Reisen der Menschen vor ca. 10.000 Jahren mit der Gründung der ersten Siedlungen erleichtert wurde. In den Siedlungen hatten die Keime besonders leichtes Spiel: Die Menschen dort kümmerten sich nicht um Sauberkeit. Bevor unsere Vorfahren Siedlungen gründeten und Ackerbau betrieben, war Sauberkeit kaum ein Thema. Der Abfall war weit verteilt und kein Problem. In den Siedlungen gab es aber schnell sehr viel Abfall auf engstem Raum. Hinzu kam noch ein weiterer Punkt: Die Menschen lebten eng mit ihren **Nutztieren** zusammen. Vermutlich sind schon damals Krankheitserreger von Tieren auf uns Menschen übergesprungen und haben ganz ähnlich wie das Coronavirus gefährliche Krankheiten ausgelöst. Alles in allem hat das Leben in den ersten Städten dazu geführt, dass sich die Lebenserwartung der Menschen stark verkürzte, denn sie starben an Krankheiten, die sich zuvor überhaupt nicht so gut verbreiten konnten.[16]

die Stadtmauer von Jericho, einer der ersten großen Siedlungen der Menschen

KRANKHEITEN UND WAS WIR TUN KÖNNEN

RÖMISCHES REICH UND MITTELALTER

Auch wenn es früher niemand so genannt hat, war die Kanalisation in alten römischen Städten bereits eine Hygienemaßnahme. Krankheiten, die über den Stuhlgang übertragen wurden, konnten sich nicht mehr so leicht ausbreiten, sie wurden einfach weggeschwemmt. Vermutlich genossen aber nur die reichen Römer den Luxus dieser Hygienemaßnahmen.

Ganz ähnlich war es auch vom Mittelalter bis in die Neuzeit. Die Reichen haben Sauberkeit bevorzugt, doch die Armen hatten unter den damaligen Verhältnissen kaum eine Chance: **Fäkalien** wurden auf die Straße entleert, auf Märkten wurden Tiere geschlachtet und Abfälle blieben dort liegen, wo sie hinfielen. „Tritt sich schon fest", dachte wohl jeder. Der nächste Regen verwandelte alles in eine schleimige Suppe und schuf den besten Nährboden, den sich Parasiten und Krankheitserreger nur wünschen konnten. Am Ende landete alles in den Flüssen oder sogar in öffentlichen Brunnen. Die Krankheitserreger wurden getrunken oder sie wurden über die mit dem Wasser zubereitete Nahrung wieder aufgenommen und schon war der Kreislauf geschlossen.

Fatal war auch eine Vorstellung, die sich nach der zweiten großen Pest-Pandemie im 14. Jahrhundert verbreitete: Wasser, so glaubten selbst die Reichen, weiche die Haut auf und lasse Krankheiten in den Körper. Die sogenannten Kratzhändchen, die noch bis ins letzte Jahrhundert verwendet wurden und die du in vielen Völkerkundemuseen bewundern kannst, sind ein Beweis dafür, wie sehr die schmutzige Haut gejuckt haben muss.

Kratzhändchen waren im Mittelalter weitverbreitet, heute sollte man sich lieber unter die Dusche stellen.

INFOKASTEN

Pecunia non olet – Geld stinkt nicht

Das **Gerben** von Leder ist eines der ältesten Kulturgüter der Menschheit. Eine Substanz, mit der man Leder gut gerben kann, ist Urin. Unser Pipi war somit über viele Tausend Jahre ein echter Wertstoff. In Rom stellten die Gerber daher **Amphoren** auf, in die sich die Römer erleichtern konnten, eine aus hygienischer Sicht sehr sinnvolle Maßnahme. Kaiser Vespasian, der von Kaiser Nero einen verschuldeten Staat übernommen hatte, war ein pfiffiger Steuererfinder: Er führte eine Latrinensteuer ein. Jeder Gerber musste also für seine Urin-Amphoren Geld an den Kaiser bezahlen. Auf die Kritik seines Sohnes hat der wohl folgendermaßen reagiert: Er nahm das Geld der Latrinensteuer in die Hand, hielt es seinem Sohn unter die Nase und fragte ihn, ob das Geld stinke. Daraus ist später der Ausspruch entstanden: „*Pecunia non olet*", also: „Geld stinkt nicht". Wer hätte gedacht, dass dieser Spruch etwas mit Hygiene zu tun hat?

römische Kanalisation

NEUZEIT

Die Neuzeit begann vor ungefähr 500 Jahren. Ein Meilenstein war damals die Erfindung des Mikroskops im 16. Jahrhundert. Damit startete die Entdeckungsgeschichte des Mikrokosmos. Spätestens seit Anfang des 20. Jahrhunderts wussten Wissenschaftler, dass überall um uns herum Mikroorganismen sind. Es dauerte aber fast 50 Jahre, bis sich dieses Wissen auch in der Öffentlichkeit rumgesprochen hatte. Die Vorstellung, dass wir von Keimen umgeben sind, löste bei den meisten Menschen Ekel und tief verwurzelte Ängste aus. Obwohl 99,99 % der Mikroorganismen für uns harmlos, ja oft sogar nützlich und lebenswichtig sind, begann in den Siebzigerjahren des letzten Jahrhunderts bei uns ein regelrechter Vernichtungsfeldzug gegen sie: Bad, Toilette, Küche – alles musste porentief rein sein. Die Werbung feuerte den Reinlichkeitsgedanken an und es kamen immer noch gründlichere Haushaltsmittel auf den Markt.

Kurz darauf kamen sogenannte antibakterielle Putzmittel dazu. Sie sollten dafür sorgen, dass unsere Umgebung nicht nur sauber, sondern frei von gefährlichen Krankheitserregern ist. Seit jener Zeit gibt es auch in jeder Drogerie Feuchttücher – wahlweise mit Mitteln gegen Bakterien oder Viren oder beides. Zum Glück fragten sich manche Menschen: Ist das denn gut für die Gesundheit? Und wie sieht es mit der Umwelt aus?

Der deutsche Arzt Prof. Franz Daschner war einer der Ersten, der sich schon 1990 diese Frage stellte. Er zeigte in Experimenten, dass gewöhnliches Waschmittel und herkömmliche Seife genauso gut gegen Bakterien oder Viren wirken wie die speziellen Mittel. Seine Leistung wurde gleich zweimal mit dem Bundesverdienstkreuz ausgezeichnet. Er bekam sogar den Umweltpreis der Deutschen Bundesstiftung Umwelt. Doch warum bekommt ein Arzt einen Umweltpreis? Die Antwort ist ganz einfach: Alle Mittel, die wir im Haushalt verwenden, landen irgendwann im Abwasser oder in Flüssen. Dort haben sie ihre tödliche Wirkung nicht verloren und vergiften unkontrolliert nützliche und für uns lebenswichtige Mikroorganismen. Doch nicht nur die leiden unter den Mitteln: Auch Fische, Krebse und Algen vertragen sie schlecht.

Aber nicht nur die Umwelt wird durch solche Stoffe belastet, auch für unsere Gesundheit sind sie schädlich. Viele Wissenschaftler machen außerdem eine übertriebene Sauberkeit für Allergien verantwortlich.

Spezielle Viren- und Bakterientöter sind im Alltag sinnlos, oft schaden sie sogar.

Es gibt aber auch wichtige Ausnahmen, wie du in den nächsten beiden Kapiteln lesen wirst.

In den Siebzigerjahren des vergangenen Jahrhunderts brach ein regelrechter Reinlichkeitswahn aus. Sehr zum Schaden von uns Menschen und der Umwelt.

Wusstest du, dass man mit Zitronen Flecken aus der Kleidung waschen und Kalkablagerungen im Bad beseitigen kann? Und es gibt noch viele weitere „natürliche Putzmittel" als umwelt- und gesundheitsfreundliche Alternative.

DER MENSCHLICHE FAKTOR

Nehmen wir die Corona-Krise als Beispiel: Wie du ja sicher gelesen hast, sind wir Autoren beide Biologen, und der Grund, warum wir dieses Buch geschrieben haben, war der Beginn der Corona-Krise. Plötzlich waren die Schulen zu, unsere Kinder mussten zu Hause bleiben und alle Menschen hatten Kontaktverbot. Aber frei nach dem Motto „Wenn keiner sieht, dass ich bei Rot über die Straße gehe, ist es nicht schlimm" passierten merkwürdige Dinge: Freunde verabredeten sich heimlich zu Partys, Eltern gründeten Lern- und Spielgruppen, um sich gegenseitig zu unterstützen, und viele Menschen versuchten irgendwie zu tricksen.

Doch ein Virus ist keine rote Ampel. Natürlich ist es kein Drama, wenn jemand mitten in der Nacht, wenn überhaupt kein Auto fährt, bei Rot über die Ampel geht. Gesetze zu übertreten, kann auch manchmal absolut richtig sein. Wenn Greta Thunberg zu Schulstreiks aufruft, um die Zukunft ihrer Generation zu sichern, dann hat sie unsere volle Unterstützung, auch wenn es verboten ist, nicht zur Schule zu gehen. Es ist gerechtfertigt, weil wir Erwachsenen beim Klimaschutz seit Jahrzehnten versagen. Auch gäbe es kein geeintes Deutschland, wenn nicht 1989 die Menschen in Ostdeutschland gegen das damalige Versammlungsverbot der Deutschen Demokratischen Republik (DDR) verstoßen hätten.

Diese Wahl haben wir bei Naturgesetzen nicht: Ein Gewitter oder ein Erdbeben kommt, ob wir es wollen oder nicht, und eine Krankheit bleibt ansteckend, auch wenn uns die damit verbundenen Konsequenzen nicht gefallen. Daher waren wir schockiert über die Menschen, die sich an die sinnvollen Einschränkungen nicht gehalten haben. Natürlich tat das keiner mit bösem Willen. Viele hatten den biologischen Hintergrund nicht verstanden. Manchen Leuten war es auch einfach egal, denn sie glaubten, es wären nur die Schwachen und Alten betroffen. Welch traurige Gedanken in einem der reichsten Länder der Welt.

Katrin hatte daher die Idee, ein Kinderbuch über Mikrobiologie zu schreiben, und wir hoffen, dass es auch von Erwachsenen gelesen wird. Schließlich haben wir mit dem entsprechenden Wissen eine unglaubliche Macht über Infektionskrankheiten, denn ein bisschen Hygiene kann über Leben und Tod entscheiden!

Social distancing, also die Vermeidung von Nähe zu anderen, hat uns während der Corona-Pandemie sehr geholfen. Normal ist das für uns als soziale Wesen aber nicht.

So sollte es aussehen dürfen. Wir Menschen sind soziale Tiere und besonders Kinder leben ihr Bedürfnis nach Nähe intensiv aus.

HYGIENE – WENN'S DRAUF ANKOMMT!

Du hast ja vorhin schon gelesen, dass es ziemlich sinnlos und oft sogar schädlich ist, wenn wir zu sauber leben und alles desinfizieren. Doch das ist natürlich anders, wenn wir von einer gefährlichen ansteckenden Krankheit bedroht sind. In diesem Fall müssen wir Hygiene so intensiv und konsequent betreiben, wie es uns nur irgendwie möglich ist. Ein gutes Beispiel ist die Situation in Deutschland nach Ausbruch der Corona-Pandemie. Unsere Regierung hat relativ schnell und umfassend gehandelt und so gab es bei uns viel weniger Infektionen und Tote als in Italien, Frankreich, Spanien, England oder den USA. Aus diesem Grund gab es noch nicht einmal eine strenge Ausgangssperre. Wenn es gelingt, die Kranken und die Menschen in ihrem nahen Umfeld unter Quarantäne zu stellen, dann helfen uns je nach Übertragungsweg der Krankheit ein paar einfache Tricks:

- Abstand halten, Atemmaske tragen, in den Ellenbogen niesen
- Krank bleibt man zu Hause.
- Hände waschen und desinfizieren
- Oberflächen waschen und desinfizieren
- Essen mit Trinkwasser waschen und wirklich nur Trinkwasser trinken
- Körperkontakt vermeiden
- Lange Kleidung tragen und Stiche von Insekten vermeiden

Wenn du dich daran hältst, bist du schon sehr sicher und selbst gefährliche ansteckende Krankheiten haben keine Chance bei dir und anderen. Es gibt aber auch im Alltag eine Ausnahme: das Krankenhaus!

Im Krankenhaus muss man sich immer an Hygiene halten. Dort gibt es viele unterschiedliche Krankheiten und selbst harmlose Krankheiten wie ein Schnupfen, den du als Besucher mitbringst, können schlimme Folgen haben. Gerade im Krankenhaus sind viele Menschen, deren Immunsystem geschwächt ist und die sich schneller anstecken können als gesunde Menschen. Das ist aber noch nicht alles, denn im Krankenhaus gibt es Keime, die sich nicht mit Medikamenten behandeln lassen. Diese Krankheitserreger haben im Verlauf der Zeit alle unsere Tricks kennengelernt und Gegenmaßnahmen ergriffen. Wir nennen sie daher multiresistente Erreger (siehe Kapitel *Resistenzen und Ausblick*). Aus diesem Grund ist Hygiene im Krankenhaus absolute Pflicht, auch wenn meist schon einfaches, aber gründliches Händewaschen reicht.

Wir haben, um unser Studium zu finanzieren, fast 300 Nachtdienste auf der Neurochirurgischen Intensivstation der Uni Kiel gemacht und die Krankenhaushygiene ist uns in Fleisch und Blut übergegangen. Wann immer wir unseren meistens beatmeten und betäubten Patienten geholfen haben (Zähne putzen, Urinbeutel wechseln, Betten machen, **Nachtpfanne** unterschieben, Po abwaschen, lagern oder den Schleim aus der Lunge bzw. dem Beatmungsschlauch absaugen), haben wir uns danach die Hände gewaschen und desinfiziert und oft auch einen Mundschutz getragen. Nicht *ein* Gegenstand ist von einem Patienten zum nächsten gelangt und im Prinzip war jedes Bett eine isolierte Insel. In der täglichen Arbeit ist das gar nicht so leicht und eine tolle Leistung des Krankenhauspersonals.

Wenn du das nächste Mal im Krankenhaus bist, achte doch mal auf die Menschen, die dort arbeiten. Es sind kleine Routinen, die die Übertragung von Krankheiten verhindern, und je nach Station sind die Maßnahmen auffälliger oder nicht.

HÄNDE WASCHEN

Richtig Hände waschen ist einfach und wirkt verblüffend gut. Hast du mal versucht, verölte Hände mit klarem Wasser abzuwaschen? So richtig funktioniert das nicht. Ganz ähnlich verhält es sich mit Keimen: Sie kleben an deinen Händen wie ein Ölfilm, nur dass du es nicht bemerkst. Mit Seife oder Spülmittel und ein bisschen Reibung bekommst du sie aber ab. Die Seife sorgt dafür, dass sich die kleinen Wassermoleküle zwischen deine Haut und die Keime drängeln können, und somit verlieren die Keime ihren Halt, werden im Wasser gelöst und du kannst sie abspülen. Vielleicht siehst du dir einfach mal dieses Video an:

Doch wie können wir uns im Alltag richtig verhalten?

Kleiner Trick: Singe dein Lieblingslied und beobachte auf deiner Uhr, wie weit du in 20 Sekunden kommst. Nun kannst du beim Händewaschen dein Lieblingslied bis zu dieser Stelle singen und schon hast du lange genug gewaschen. Beginne aber erst, wenn die Seife auf den Händen ist, und vergiss auch Daumen, Fingerspitzen und Fingerzwischenräume nicht.

OBST UND GEMÜSE WASCHEN

Denke auch daran, Obst und Gemüse richtig zu waschen, auch wenn das ohne Seife gehen muss. Hast du eine Idee, warum? Richtig: Ein eingeseifter Apfel schmeckt nicht gerade lecker und die Inhaltsstoffe von Seife sind ungesund. Ob du zum Abwaschen warmes oder kaltes Wasser verwendest, ist egal, beides hilft. Wichtig ist vor allem, genau wie bei deinen Händen, das Rubbeln. Darauf solltest du wirklich gut achten, denn ohne Seife bleibt dir nur Rubbeln, um die Keime von der Schale abzubekommen. Manches Obst, wie Erdbeeren oder Himbeeren, lassen sich schlecht abreiben, weil sie schnell kaputtgehen. Hier bleibt nach dem gründlichen Abwaschen ein gewisses Restrisiko. Doch mach dir keine

Sorgen – du hast ja noch dein Immunsystem. Und das ist, wenn du dich gesund ernährst und viel bewegst, fit wie Schmidt und sowieso die beste Waffe gegen ungebetene Gäste in deinem Körper.

Einfaches Waschen ist wie Zauberei.

RICHTIG DESINFIZIEREN

Je nachdem, um welchen Krankheitserreger es sich handelt, kann die Desinfektion recht einfach sein. Das Coronavirus ist ein gutes Beispiel dafür. Es ist zwar gefährlich, weil Coronaviren sogenannte behüllte Viren sind, was bedeutet, dass sie unser Immunsystem leichter austricksen können. Zur Erinnerung: Behüllte Viren täuschen unser Immunsystem mit einer Art Tarnmantel. Der ist allerdings sehr empfindlich und lässt sich leicht zerstören, das funktioniert sogar mit Seife. Unbehüllte Viren machen es uns nicht so leicht und wir brauchen ein spezielles Desinfektionsmittel gegen sie. Oft haben wir auch nicht die Möglichkeit, die Hände gründlich zu waschen, dann ist ein bisschen Desinfektionslösung die richtige Wahl.

Besonders hartnäckig sind Sporen, denn sie lassen sich kaum abtöten. Im Zweiten Weltkrieg experimentierten Forscher aus England damit: Sie wollten Sporen, die eine Krankheit namens **Milzbrand** auslösen, als Waffe einsetzen. Weil sie wussten, wie gefährlich die Sporen sind, machten sie ihre Experimente auf einer Insel – der Gruinard-Insel, die vor der schottischen Küste liegt. Aus der Waffe ist nichts geworden, aber die Insel musste bis 1987 gesperrt bleiben und wurde flächendeckend mit 280 Tonnen Formaldehyd, einem extrem giftigen Desinfektionsmittel, behandelt.

Ganz wichtig: Die meisten Desinfektionsmittel benötigen mindestens 30 Sekunden, um zu wirken. Wenn du eins verwendet hast, warte deshalb, bis es auf deiner Haut verdunstet ist. Bis dahin kannst du dir das Mittel auch gut zwischen die Finger und um die Fingernägel herum einmassieren.

DAS MYSTERIUM DES MUNDSCHUTZES

Seit der Corona-Pandemie sind Schutzmasken um Mund und Nase schon fast Alltag. Wie du ja bereits weißt, befällt das Virus unsere Atemwege und gelangt, wenn wir husten oder niesen, über Mund und Nase nach draußen. Genauso gelangt es in uns hinein. Mund und Nase zu bedecken, ist also sehr nützlich, um eine Ausbreitung des Virus zu verhindern.

Doch welche Maske macht das am besten? Vielleicht hast du schon von Masken mit der Bezeichnung FFP2 und FFP3[3] gehört. Diese Masken filtern Partikel ab einer Größe von 0,6 µm. Die Coronaviren sind aber kleiner als 0,2 µm! Stell dir einen Erwachsenen, vielleicht deinen Vater, Opa oder Fußballtrainer, vor. Dann stell dir das Tor einer Scheune vor. Und, hat Opa es schwer, durch das Tor zu gehen? Genauso verhält es sich mit den Filtern und den Viren – sie haben genug Platz, um durch die Filterporen hindurchzuschlüpfen.

Doch warum gelten diese Masken dann als die sichersten? Wenn wir niesen oder husten, schleudern wir keine einzelnen Viren aus, sondern Tröpfchen. Die kleinsten Tröpfchen haben einen Durchmesser von 5 µm und sind somit zehnmal größer als die Poren im Filter der Masken – das Virus im Tropfen passt dementsprechend nicht durch die Poren und wir sind prima geschützt.

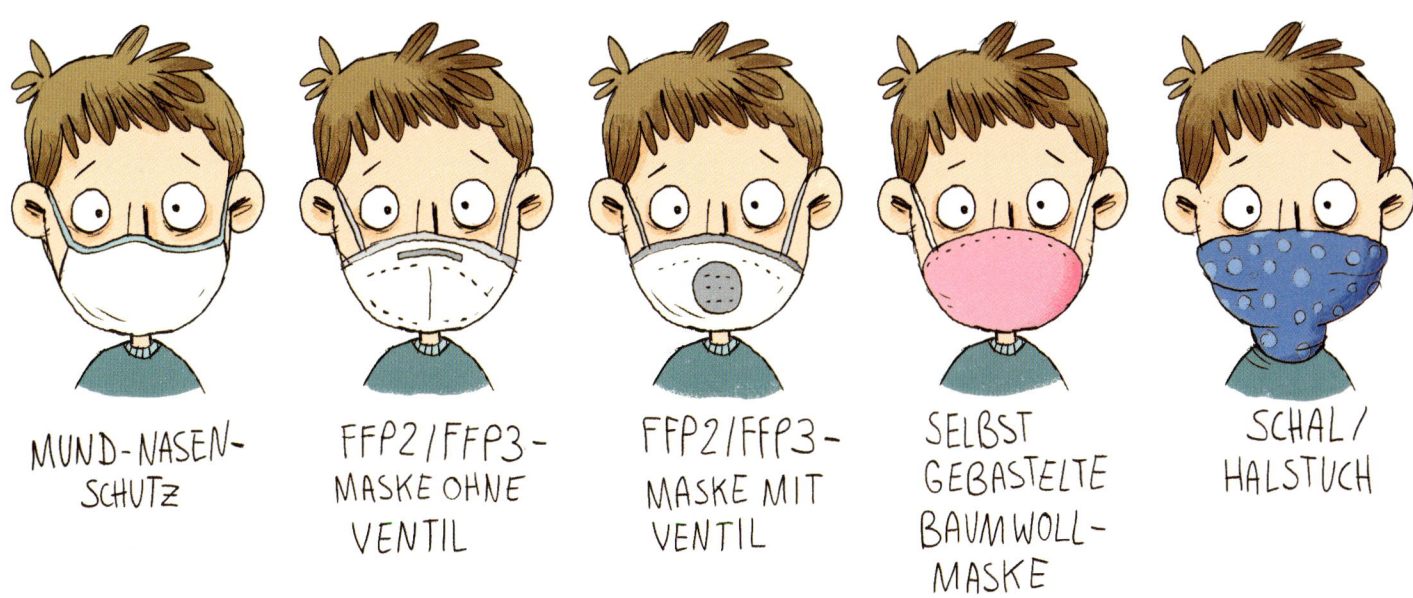

MUND-NASEN-SCHUTZ

FFP2/FFP3-MASKE OHNE VENTIL

FFP2/FFP3-MASKE MIT VENTIL

SELBST GEBASTELTE BAUMWOLL-MASKE

SCHAL/HALSTUCH

[3] FFP heißt *Filtering Face Piece,* also Filtermaske. Die Zahlen 1 bis 3 geben an, wie gut die Masken auf dem Gesicht sitzen und wie viel Luft an der Seite vorbeikommt. 1 bedeutet „recht undicht" und 3 bedeutet „recht dicht".

BLUTSAUGER

Du hast bereits gehört, dass der beste Schutz vor Krankheiten, die über Blutsauger übertragen werden, ist, sich nicht stechen zu lassen. Das ist natürlich leichter gesagt als getan. Hier sind ein paar Tricks, die bei uns gut funktionieren:

Mücken: Mückenlarven brauchen stehendes Wasser. Eine Schale mit Regenwasser kann schon reichen und daher sollte es solche Brutstätten im Sommer in deiner Umgebung besser nicht geben. Es gibt aber auch verschiedene Mittel, die du dir auf die nackte Haut schmieren kannst und die Mücken nicht mögen. Am besten ist es aber, wenn du dich mit langer Kleidung schützt und in gefährlichen Gebieten Moskitonetze verwendest.

Zecken: Zecken leben im hohen Gras und in niedrigen Büschen. Wenn du möchtest, nimm einfach mal ein weißes Tuch und streife es durch eine Wiese. Du wirst überrascht sein, wie viele Zecken du dann in dem Tuch findest. Der beste Schutz vor den Spinnentieren sind festes Schuhwerk und lange Hosen, die du in die Strümpfe hineinstecken solltest. Nach einem Spaziergang durch hohes Gras oder Gestrüpp ist es wichtig, dass du deinen Körper gründlich nach Zecken absuchst. Die Blutsauger brauchen manchmal einige Stunden, bis sie den richtigen Platz für sich gefunden haben, und so hast du gute Chancen, sie abends vor dem Schlafengehen aufzuspüren. Entdeckst du eine Zecke, die bereits festsitzt, musst du sie so schnell wie möglich entfernen! Was du dafür brauchst?

Wir wohnen nah am Wald und unsere Jungs haben schon öfter mal eine Zecke gehabt. Bei uns haben sich eine Lupe und eine spitze Pinzette bewährt. Damit greifst du die Zecke so nah wie möglich an deiner Haut und ziehst sie mit einem kräftigen Ruck gerade heraus. Auf keinen Fall solltest du die Zecke drehen oder gar den Zeckenkörper zusammenquetschen. Damit würdest du die Keime in dich hineindrücken. Am besten lässt du das von einem Erwachsenen machen, der damit Erfahrung hat. Oder du gehst zum Arzt.

Erinnerst du dich noch, welche gefährlichen Krankheiten von Zecken übertragen werden? Genau: FSME und Borreliose.

Wildwiesen sind schön und wichtig für die Natur, aber sie sind auch der Lebensraum von Zecken. Wer durch eine solche Wiese wandert, sollte sich hinterher nach Zecken absuchen!

In unseren Augen sehen Zecken hässlich aus und sind lästige Parasiten, die es auf unser Blut abgesehen haben. Aber sie sind viel zu klein, um uns mit ihrem winzigen Stechapparat gefährlich zu sein. Gefährlich sind jedoch die viel kleineren Krankheitserreger, die sie übertragen.

IMMUNSYSTEM

Warum werden manche Menschen krank und andere nicht?

Auf den folgenden Seiten geht es zu wie in einer Abenteuergeschichte, da gibt es die Heere der Guten und der Bösen, da gibt es List und Tücke, unzählige Waffen und hinterhältiges Vergiften. All dies passiert in deinem Körper und die Helden, die deinen Körper verteidigen, vereinigen sich in deinem Immunsystem.

Aus Sicht der Evolution ist die Gefahr vermutlich etwa gleich groß, von einem Raubtier gefressen oder von einer Krankheit getötet zu werden. Das Immunsystem ist die Antwort auf dieses Risiko. Ohne Immunsystem könnten wir nicht lange überleben, denn selbst ungefährliche Keime würden tödliche Krankheiten auslösen. Wenn du Hygiene, Medikamente oder das Wirken von Ärzten mit der Wichtigkeit des Immunsystems vergleichen möchtest, dann wäre das Immunsystem ein riesiger Berg und alles andere wären nur kleine Sandkörner. Vielleicht scheint das ein bisschen übertrieben, aber wenn du gleich mehr über das Immunsystem erfährst, dann weißt du, warum wir dieser Meinung sind.

Doch was genau macht das Immunsystem eigentlich? Genau genommen macht es nur zwei Dinge: Es unterscheidet zwischen körpereigenen Zellen und etwas Fremdem, das in unseren Körper eindringt. Hat es einen Eindringling identifiziert, wird dieser gnadenlos bekämpft. Wie das geschieht, kannst du in den Abschnitten über die unspezifische und die spezifische Immunabwehr lesen.

Durch Corona hast du vermutlich viele Begriffe gehört, die irgendwie nicht ganz klar sind. Vielleicht hast du dich auch gefragt: „Warum sind manche Krankheiten ansteckender als andere?" und „Warum sind manche Krankheiten gefährlicher als andere?". Du findest die Antworten in den Infokästen auf dieser und den folgenden Seiten. Mit dem Wissen aus diesem Kapitel wirst du vieles besser verstehen.

Bevor wir so richtig loslegen, müssen wir eine wichtige Sache klären: Im Kapitel *Mikrobiom – unsere Freunde* wirst du erfahren, dass unser Körper aus mindestens genauso vielen Mikroorganismen besteht wie aus eigenen Körperzellen. Wie kann das aber sein, wenn unser Immunsystem doch alle Eindringlinge bekämpft? Um das zu verstehen, muss man wissen, was eigentlich zu unserem Körper gehört. Unser Körper ist nach außen von unserer Haut geschützt. Aber auch innerhalb unseres Körpers gibt es eine Art Haut, man nennt sie Epithel. Sie schirmt unseren Körper gegen die Außenwelt ab. Doch wieso haben wir in uns etwas von außen?

INFOKASTEN 1

Übertragungsweg

Ob du dich mit einer Krankheit ansteckst oder nicht, hängt von vielen Faktoren ab. Zunächst muss man sich fragen, wie ein Krankheitserreger übertragen wird (hier spricht man von Kontagiosität). Dies zu klären, ist so irre wichtig, weil man davon die Hygienemaßnahmen abhängig machen muss. In den ersten Monaten der Corona-Pandemie ging es praktisch nur um die Frage: Wie kommt das Virus von einem Kranken zu einem Gesunden? Es war zum Beispiel wichtig zu wissen, ob und wie lange das Virus auf einer Türklinke oder an einem Briefumschlag überlebt. Hat ein Erreger unseren Körper erreicht, kommt es darauf an, wie effektiv unsere unspezifische Immunabwehr gegen ihn arbeitet (siehe Infokasten *Infektionsdosis* auf Seite 111).

KRANKHEITEN UND WAS WIR TUN KÖNNEN

Bei jedem Atemzug beförderst du Luft in deinen Körper hinein. Deine Lunge kannst du dir vorstellen wie einen großen Luftballon, nur dass die Lunge statt aus Gummi aus vielen kleinen Bläschen besteht. Das Ganze sieht fast ein bisschen aus wie ein Schwamm. Innerhalb der Bläschen ist die Luft von außen, aber drum herum befindet sich dein Körper. Die Bläschen in unserer Lunge bestehen aus einer ganz dünnen Hautschicht, dem Lungenepithel, das die äußere Luft vom Inneren unseres Körpers trennt. Das Gleiche gilt auch für deine Speiseröhre, deinen Magen und deinen Darm. Alles was da drin ist, ist eigentlich außen und gehört nicht mit zu deinem Körper. Das Epithel ist die Grenze, und wer diese Grenze nicht respektiert, bekommt es mit unserem Immunsystem zu tun. Das Mikrobiom (siehe Seite 156) ist also gar nicht *in* unserem Körper, sondern befindet sich *an der Oberfläche*, egal, ob es sich auf unserer Haut oder in unserem Darm oder sogar in unserer Lunge befindet.

Diese Grenzschicht ist eine supergeniale Erfindung der Natur: Sie ist wie ein Schutzschild für den Körper, den Krankheitserreger erst mal knacken müssen, wenn sie reinwollen. Nehmen wir unsere Haut: Sie ist relativ trocken. Die meisten Krankheitserreger mögen das gar nicht. Doch die Trockenheit ist nicht die einzige Waffe unserer Haut: Sie hat eine Schutzschicht aus ätzender Säure. Das klingt jetzt dramatisch und für viele Mikroorganismen ist es auch gefährlich, aber natürlich nicht für dich. Der Säurewert, man nennt ihn auch pH-Wert, liegt übrigens zwischen 4 und 6.

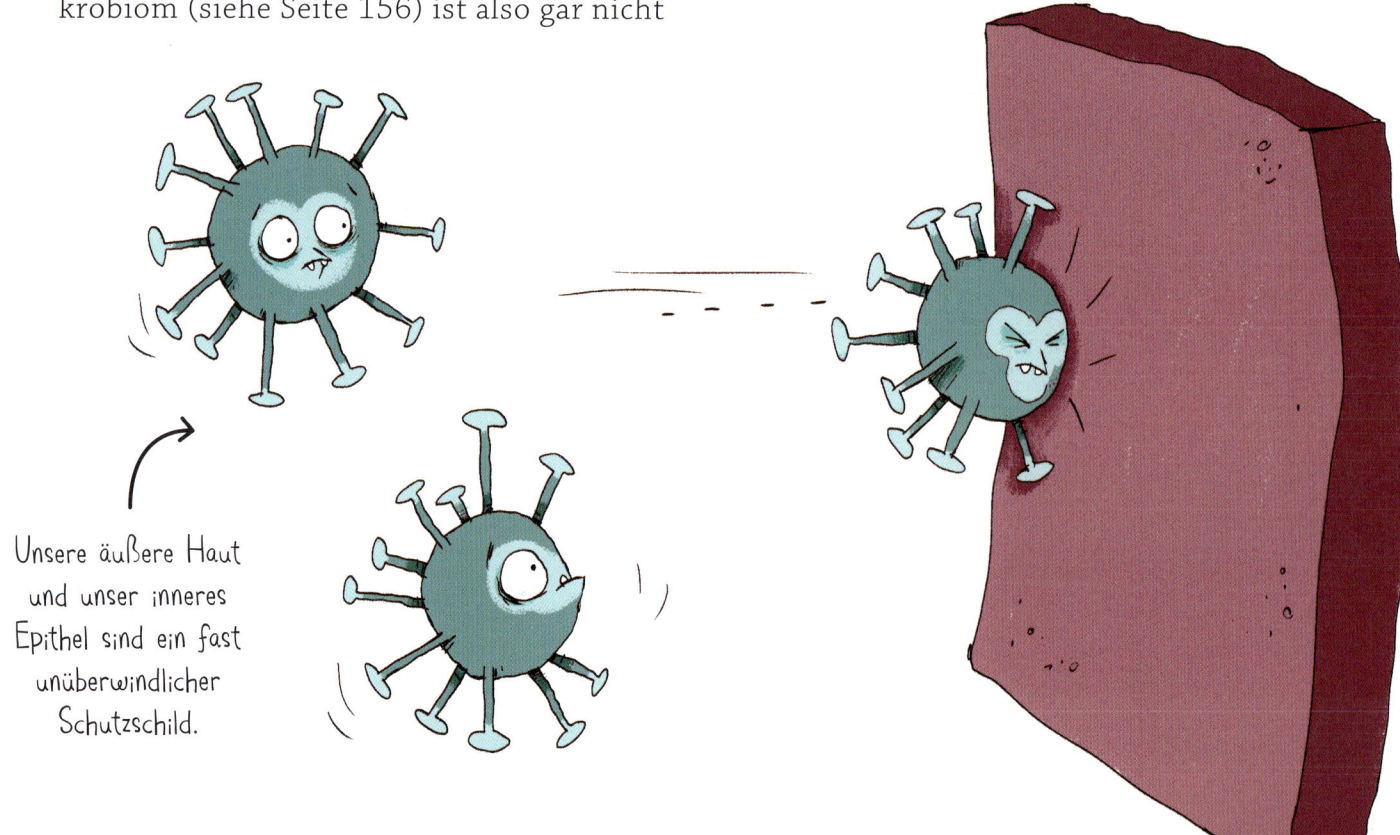

Unsere äußere Haut und unser inneres Epithel sind ein fast unüberwindlicher Schutzschild.

Aber damit nicht genug – unsere Haut hat noch mehr Möglichkeiten, Krankheitserregern das Leben schwer zu machen: Viele brauchen zum Beispiel Eisen, um zu leben, doch auch das findet sich auf unserer Haut kaum. Wir können sogar Bakteriengifte (bestimmte Proteine) herstellen und absondern.

Gelingt es Krankheitserregern, zum Beispiel Coronaviren, in unsere Lunge zu kommen, dann haben auch dort die meisten keine Chance: Sie bleiben einfach am Schleim der Schleimhaut kleben und werden unermüdlich über kleine Haare, das Flimmerepithel, in Richtung Rachenraum und Mund geschoben. Das ist wie ein Fließband aus der Lunge. Ist der Schleim im Mund angekommen, spucken wir ihn aus oder schlucken ihn einfach runter und er wird mitsamt Krankheitserregern verdaut. Doch oftmals sind es einfach zu viele Keime und unser Schleim kommt nicht hinterher, alle hinauszubefördern. Dann kann ein Erreger beginnen, seine gefährliche Arbeit zu verrichten. Daher ist es so wichtig, die Anzahl der Keime zu reduzieren, zum Beispiel durch Masken oder Händewaschen.

INFOKASTEN 2

Infektionsdosis

Ob wir krank werden, hängt auch davon ab, wie viele Krankheitserreger wir aufgenommen haben. Beim **Norovirus** reichen vermutlich schon zehn bis hundert Viren, um zu erkranken. Bei den Sporen des Milzbranderregers müssen es viele Tausend sein. Ähnlich wie beim Corona-Erreger transportiert das Flimmerepithel unserer Lunge die Sporen gleich wieder raus. Allgemein kann man aber sagen, dass einzelne Krankheitserreger kaum eine Chance haben. Sind es jedoch viele, steigt die Wahrscheinlichkeit zu erkranken.

INFOKASTEN 3

Pathogenität

Pathogenität ist ein Maß dafür, wie gefährlich ein Krankheitserreger sein kann. Beispielsweise sind Herpesviren verhältnismäßig ungefährlich: Über 90 % der deutschen Bevölkerung tragen sie in sich, doch bei wenigen kommt es zu **Symptomen**. Vermutlich leben wir schon sehr lange mit Herpesviren zusammen und haben uns aufeinander eingestellt. Anders verhält es sich mit dem Coronavirus, das gerade erst von Tieren auf den Menschen übergesprungen ist. Es ist daher für uns sehr gefährlich und hat eine hohe Pathogenität.

DIE UNSPEZIFISCHE IMMUNABWEHR

Um zu verstehen, wie das Immunsystem funktioniert, müssen wir mal wieder eine kleine Zeitreise machen. Du hast schon gelesen, dass sich aus Einzellern irgendwann mehrzellige Tiere entwickelt haben. Schon diese einfachen Organismen mussten sicherstellen, dass sich keine fremden Zellen bei ihnen einschleichen: Die sogenannte unspezifische Immunabwehr war erfunden.

Auch wir Menschen besitzen eine unspezifische Immunabwehr, sie ist uns angeboren. Im Gegensatz zu dieser angeborenen Immunabwehr gibt es aber auch eine spezifische Immunabwehr. Die trainieren wir im Verlauf unseres Lebens selbst. Doch dazu später. Zuerst schauen wir uns einmal unsere angeborene Immunabwehr an.

Um eine Idee zu bekommen, wie die funktioniert, musst du etwas wissen: Unser

Immunsystem ist kein bestimmtes Organ, sondern setzt sich aus mehreren Organen zusammen. Hinzu kommt noch eine Vielzahl von einzelnen Zellen, die unterschiedliche Aufgaben haben. Am besten kannst du dir das Immunsystem als eine Art Armee vorstellen. Es gibt Kasernen mit unterschiedlichen Soldaten und jede Soldatengruppe hat bestimmte Aufgaben. Bei den Soldaten handelt es sich um einzelne Zellen. Eigentlich sind diese Zellen kleine Organismen, die in unserem Körper leben. Unser Körper versorgt sie mit Lebensmitteln und gewährt ihnen Unterkunft. Und im Gegenzug verteidigen sie uns.

Die erste Gruppe von Soldaten, die wir uns anschauen, heißt Fresszellen (Granulozyten). Sie gehören mit zu den weißen Blutkörperchen (Leukozyten), von denen hast du vielleicht schon gehört. Übrigens sind über die Hälfte der weißen Blutkörperchen Fresszellen. Doch was machen die eigentlich? Wie der Name schon sagt, haben sie einen Mordsappetit. Sie wandern zwischen den Zellen deines Körpers hin und her und futtern alles, was da nicht hingehört. Wenn du dich zum Beispiel gestoßen hast, verteilt sich Blut unter deiner Haut und es entsteht ein blauer Fleck.

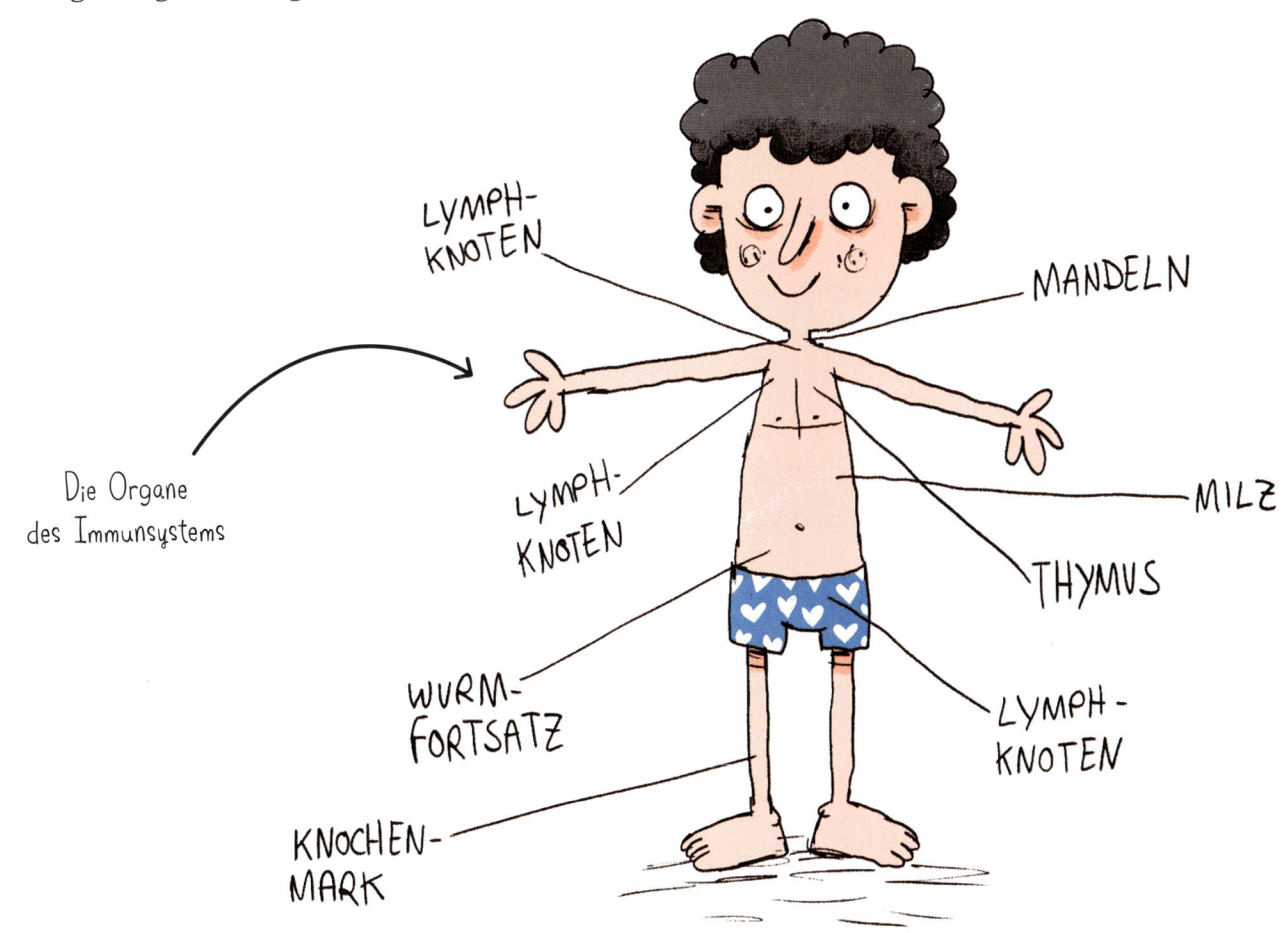

Die Organe des Immunsystems

KRANKHEITEN UND WAS WIR TUN KÖNNEN

Das Blut hat allerdings nichts im Gewebe zu suchen und so wird es von deinen Fresszellen aufgefuttert. Sind sie fertig, ist der blaue Fleck verschwunden. Granulozyten fressen aber auch abgestorbene Zellen oder Bakterien. Obwohl sie ziemlich hungrig sind und sich nichts entgehen lassen, teilen sie gern. Haben sie etwas Essbares gefunden, geben sie einen Botenstoff (das Zytokin) ab und bitten alle Esszellen aus der Umgebung zu Tisch, um zu helfen. Ist der übervoll gedeckt, zum Beispiel wenn du dir einen Holzsplitter in die Haut gerammt hast, wird ein zusätzlicher Botenstoff (das Histamin) abgegeben. Dadurch erweitern sich die Blutgefäße in der Umgebung und ermöglichen so weiteren Fresszellen den Einzug auf das Schlachtfeld. Was dann passiert, kennst du gut: Die Stelle schwillt an und wird rot. Daran kannst du sehen, dass dein Immunsystem aktiv ist – eine gute Nachricht! Ist alles aufgefuttert, geht die Schwellung zurück und die Wunde heilt.

Eine rote Schwellung tut zwar weh, aber dein Körper macht sie selbst und sorgt dafür, dass die Verletzung heilt und du nicht krank wirst.

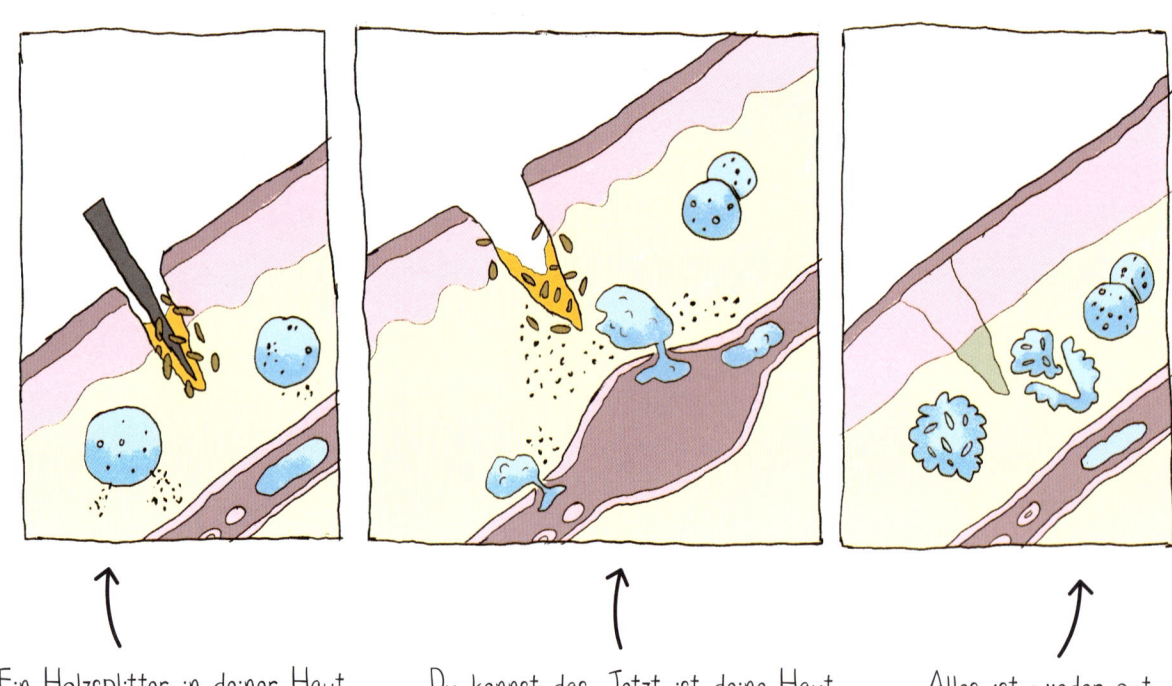

Ein Holzsplitter in deiner Haut. Die knollenartigen Zellen (Mastzellen) geben einen Alarmstoff (Histamin) ab, der die Blutgefäße weitet.

Du kennst das. Jetzt ist deine Haut rot, heiß und entzündet. Dein Immunsystem hat die Arbeit aufgenommen und Fresszellen stürzen sich auf Fremdkörper, Bakterien und deine verletzten und abgestorbenen Zellen.

Alles ist wieder gut, deine Haut hat sich selbst geheilt.

DIE SPEZIFISCHE IMMUNABWEHR

Vor ungefähr 500 Millionen Jahren, also zu der Zeit, in der die ersten Wirbeltiere[4] entstanden sind, hat sich auch die spezifische Immunabwehr entwickelt. Diese Immunabwehr wirkt zeitgleich mit der unspezifischen. Während unsere Abenteuergeschichte bisher im Mittelalter gespielt hat und sich die Armeen mit Schwertern, Äxten und Schleudern bekriegt haben, sind wir jetzt in einem hochmodernen Krieg der Zukunft angekommen, alles ist auf einer ganz neuen Ebene.

Vielleicht hast du schon einmal etwas vom Lymphsystem gehört. Es funktioniert ähnlich wie unser Blutkreislauf, statt Blut transportiert es aber eine Flüssigkeit, die als Gewebswasser oder auch Lymphe bezeichnet wird. Im Gegensatz zum Blut fließt die Lymphe allerdings nicht in einem Kreislauf, wie du gleich erfahren wirst. Blut besteht zu einem großen Teil aus Wasser. Dieses Wasser wird aus den ganz feinen Blutgefäßen (den Kapillaren) herausgedrückt. In dem Moment spricht man von der Lymphe, sie umspült all unsere Körperzellen. Diese werden so mit Nahrung versorgt, bekommen aber auch Botenstoffe, damit sie wissen, was sie machen sollen. Darüber hinaus ist die Lymphe auch eine Art Müllabfuhr, die den Abfall zwischen den Zellen wegschwemmt. Rate mal, wie viel Liter Lymphe pro Tag von deinem Körper produziert werden? Die Antwort findest du auf S. 181.

Natürlich muss diese Flüssigkeit irgendwo hin und daher gibt es im ganzen Körper so etwas wie offene Schlauchenden, in denen die Lymphe abfließen kann. Alle Schläuche münden zunächst in den Lymphknoten. Bist du krank, beispielsweise erkältet, oder hast dich verletzt, kann es passieren, dass deine Lymphknoten anschwellen. Der Arzt tastet dann am Hals, unter den Achseln oder in der Leistengegend, ob die Knoten vergrößert sind. Sind sie verdickt, ist das ein Zeichen dafür, dass die Lymphknoten kräftig zu tun haben. Doch was machen sie eigentlich?

Von der Lymphe werden auch einige Fresszellen, die in deinem Gewebe für Ordnung gesorgt haben, weggeschwemmt. Das ist auch gar nicht schlimm. Im Gegenteil! Die

---

[4] Fische, Reptilien, Vögel und Säugetiere

Fresszellen, die bereits Eindringlinge gefuttert haben, benutzen einen genialen Trick, um auf die Bösewichte aufmerksam zu machen. Sie können nämlich Teile der Eindringlinge, die Antigene (siehe Infokasten 1), auf ihrer Oberfläche präsentieren. Die Fresszellen haben dafür sogar bestimmte Bereiche. Du kannst dir diese Bereiche gut als kleine Teller oder Schaufenster vorstellen. Nur was dort liegt, wird als Antigen des Eindringlings erkannt.

INFOKASTEN 1

Antigene

Ein Antigen ist etwas, das eine Reaktion deines Immunsystems hervorruft. Jetzt bist du auch nicht schlauer, was? Okay, ein Beispiel: Du hast im Kapitel *Bakterien* erfahren, dass diese an ihrer Oberfläche sogenannte Pili zur Kommunikation, Flagellen zur Bewegung und Proteine mit Funktionen haben. All diese Strukturen haben eine bestimmte Form wie zum Beispiel ein Würfel oder ein Stab mit Kugel dran oder eine Kugel mit Spitzen. Diese Form ist das Antigen und kann von den Zellen deines Immunsystems abgetastet und erkannt werden. Wird etwas Gefährliches entdeckt, löst dein Immunsystem Alarm aus. Um das zu verstehen, liest du am besten gleich den Infokasten 3 auf Seite 120 über Antikörper.

Das Lymphsystem ist (nicht nur) das Abwassersystem unseres Körpers.

LYMPH-KNOTEN

LYMPH-KNOTEN

In den Lymphknoten werden die Teller der weggeschwemmten Fresszellen von den sogenannten B-Lymphozyten und den T-Lymphozyten genau untersucht. Stell dir einfach vor, dass ein T-Lymphozyt ein Tyrannosaurus Rex ist und ein B-Lymphozyt ein Bär. Beide haben immer Hunger und so untersuchen sie gierig jedes Antigen auf den Tellern der Fresszellen. Wenn ihre Zähne (die Antikörper) genau auf das Antigen passen, aber nur dann, legen sie richtig los (man sagt, sie wurden aktiviert). Der Tyrannosaurus Rex (man nennt ihn dann T-Helferzelle) umarmt nun glücklich den Bären und löst eine magische Verwandlung aus. Wie durch ein Wunder werden aus dem Bären zwei ganz unterschiedliche Dinge. Zum einen entsteht eine Schatztruhe (Gedächtniszelle) und zum anderen entsteht eine Mini-Fabrik (Plasmazelle). Beide Zelltypen beginnen sich zu teilen und zu vervielfältigen, aber es entstehen viel mehr Fabriken.

Doch die Aufgabe des T-Rex ist noch nicht beendet, er ist jetzt auf den Geschmack des Antigens gekommen und untersucht deinen Körper nach verdeckten Eindringlingen, denn oft haben sich die Krankheitserreger schon in deinen Körperzellen versteckt. Das nützt ihnen aber gar nichts, denn hat der Tyrannosaurus Rex (man nennt ihn nun cytotoxische T-Zelle) erst einmal Witterung aufgenommen, macht er selbst vor deinen eigenen Körperzellen nicht halt. Wenn er auch nur einen Hauch von Antigen wittert, wird die von den Feinden (Krankheitserregern) übernommene Zelle zerfetzt. Dabei helfen ihm übrigens nicht seine Zähne, sondern bestimmte Chemikalien[5].

Auch unsere Schatztruhen und Fabriken sind nicht untätig. Die Fabriken (Plasmazellen) beginnen mit ihrer Arbeit und produzieren Unmengen von Zähnen (y-förmige Antikörper), die sich an den Eindringlingen verbeißen und nicht wieder loslassen. Rate mal, wie viele Antikörper so eine Plasmazelle in einer Sekunde produzieren kann! (Die Antwort findest du auf Seite 181.) Zum Schluss ist unser ganzer Körper mit diesen Antikörper-Zähnen regelrecht überflutet. Sobald nun aber so ein Zahn an sein entsprechendes Antigen anstößt, heftet er sich unnachgiebig fest. Das hat zwei Vorteile: Die beiden Zähne am Ende der oberen

---

[5] Bei den Chemikalien handelt es sich um Zellgifte (Cytotoxine).

KRANKHEITEN UND WAS WIR TUN KÖNNEN

Ärmchen des Y können sich gleich in zwei Eindringlingen verbeißen. Im Prinzip ist das so, als hätten Polizisten Einbrecher mit Handschellen aneinandergefesselt. Darüber hinaus markieren die Antikörper die Eindringlinge für die körpereigenen Fresszellen und das üppige Gelage kann beginnen.

Unsere Schatztruhen haben ein ruhigeres Leben, doch sie sind immens wichtig, denn sie bewahren die Schätze deines Immunsystems auf. In den Gedächtniszellen wird der Bauplan für die Zähne (Antikörper) sicher gespeichert – manchmal nur einige Monate oder Jahre, aber manchmal auch

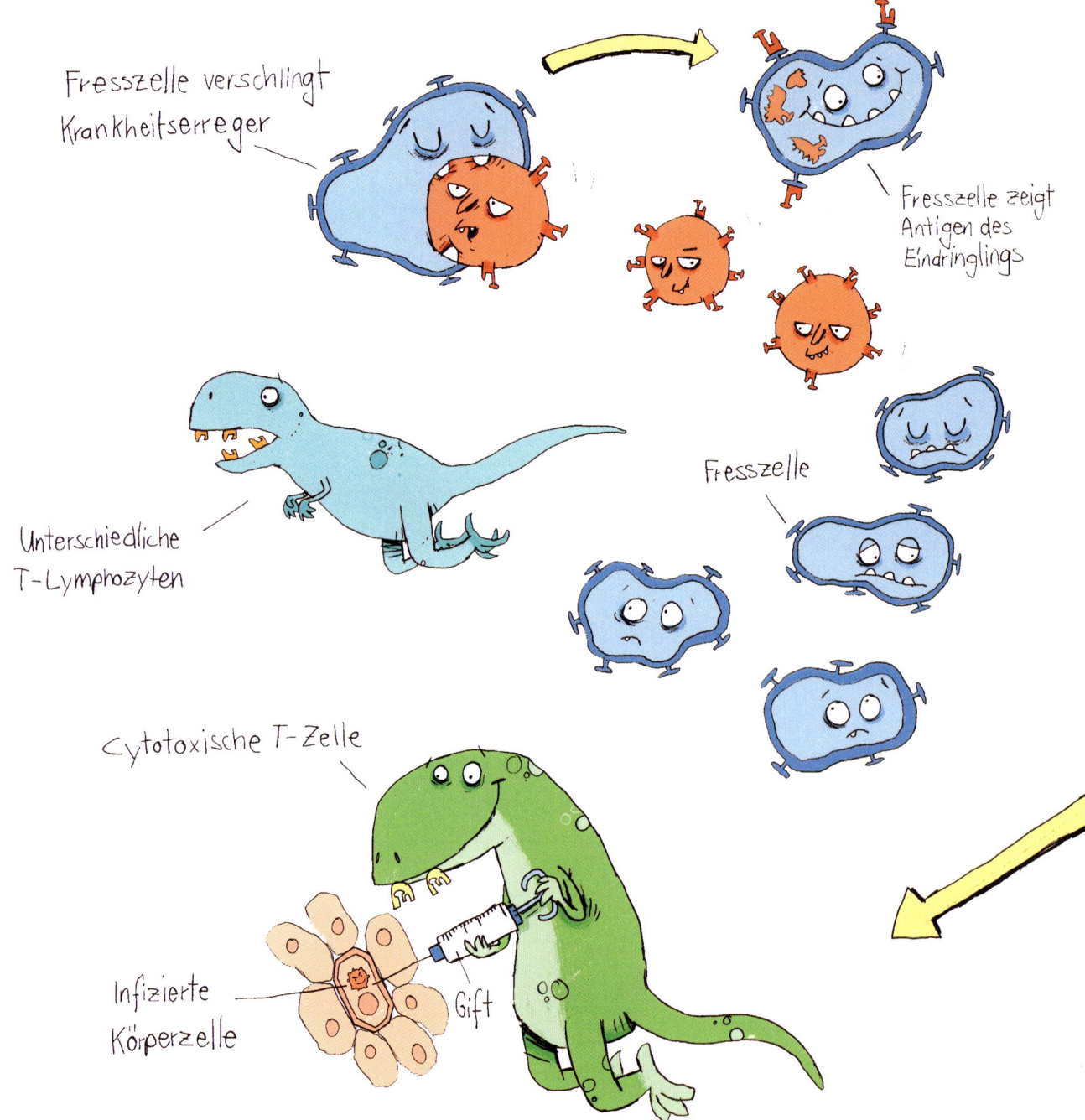

ein ganzes Leben lang. Dadurch entsteht eine Immunität gegenüber einer Krankheit, die du schon mal gehabt hast. Wenn du zum Beispiel als Kind die Röteln bekommen hast, dann bewahren deine Schatztruhen (Gedächtniszellen) den Bauplan für die Rötel-Zähne (Rötel-Antikörper) auf. Du bist nun dein ganzes Leben lang vor Röteln geschützt, denn sobald es ein Rötelvirus in deinen Körper schafft, wird es sofort erkannt und gnadenlos vernichtet. Super, oder?

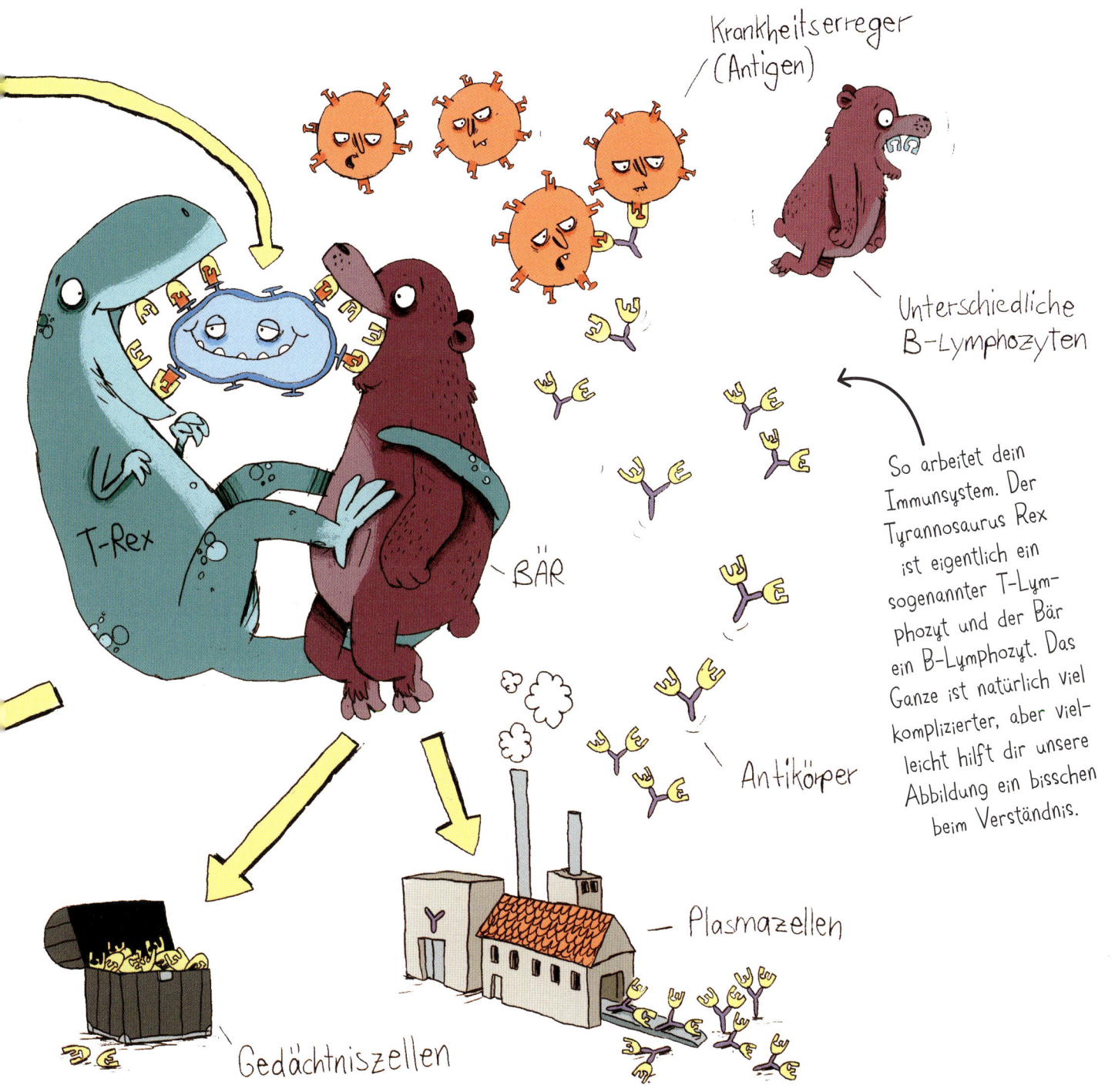

INFOKASTEN 2

T- und B-Lymphozyten sind übrigens beides weiße Blutkörperchen. Die T-Lymphozyten reifen im Thymus (daher das T), einem Organ deines Immunsystems, das sich unscheinbar zwischen deinen Lungenflügeln befindet und früher gar nicht als eigenständiges Organ erkannt wurde, und die B-Lymphozyten im Knochenmark. Das Knochenmark ist die weiche Masse innerhalb deiner Knochen, dort werden viele Bestandteile deines Blutes gebildet. Im Englischen heißt Knochen „bone", daher das B.

INFOKASTEN 3

Antikörper

Auch bei Antikörpern (die „Zähne" von unserem T-Rex und Bären) handelt es sich um eine bestimmte Form. Sie ist genau das Gegenteil vom Antigen. Die Form des Antigens passt also genau in den Antikörper hinein. Das hast du ja schon bei unserem Schlüssel-Schloss-Prinzip (siehe Infokasten auf Seite 17) erfahren. Du kannst dir den Unterschied auch prima merken: Anti*körper* macht unser *Körper*! Erinnerst du dich noch, wer genau? Richtig: unsere „Fabriken", die Plasmazellen, die sich aus den B-Lymphozyten entwickelt haben.

Der ganze Prozess der Aktivierung und Verwandlung sowie des Kampfs gegen die Eindringlinge passiert nicht auf einen Schlag, sondern dauert ein paar Tage. Diese Zeit heißt Krankheit.

Je nachdem, was die Eindringlinge anrichten, haben wir unterschiedliche Krankheitssymptome wie Bauchschmerzen, Kopfschmerzen oder Husten und Niesen. Wie lange Eindringlinge wüten können und was sie anrichten, bis unser Körper sie besiegt hat, entscheidet darüber, wie schwer eine Krankheit ist. Dauert es zu lange, kann es passieren, dass ein Organ so schwer geschädigt wird, dass es nicht mehr funktioniert. Dann können wir sogar sterben. Doch das ist die Ausnahme. Normalerweise haben die Fresszellen ihr Werk irgendwann verrichtet und alle Eindringlinge vertilgt. Dann bist du wieder gesund.

In der Zwischenzeit hast du bestimmt Fieber gehabt. Super! Denn bei Fieber heizt unser Körper hoch. Durch die höhere Temperatur kommt unser Stoffwechsel in Fahrt und chemische Prozesse in den Zellen laufen schneller ab. Das betrifft auch die Zellen des Immunsystems: Wie du schon erfahren hast, müssen die Zähne von unserem T-Rex und unserem Bären absolut perfekt, wie ein Schlüssel im Schloss, auf die Eindringlinge passen. Doch wer bestimmt eigentlich, wie die Zähne (Antikörper) aussehen?

Es ist kaum zu glauben, aber es ist tatsächlich einfach nur Glückssache. Wie bei einem Würfelspiel muss unser Körper so lange würfeln, bis er eine Sechs hat, um rauszukommen. Viele Forscher glauben, dass deswegen Fieber entsteht, denn die höhere Temperatur lässt deinen Körper öfter würfeln. Dein Körper muss also unzählige T-Rex und Bären bauen, denn jeder einzelne T- und B-Lymphozyt trägt einen anderen Antikörper auf seiner Oberfläche. Erst wenn die Form des Antikörpers durch Zufall auf die Form an der Oberfläche unseres Eindringlings (Antigen) passt, startet der oben beschriebene Prozess der Immunabwehr. Fieber wird also nicht von den Krankheitserregern ausgelöst, um uns zu schwächen. Nein, Fieber ist etwas, das unser Körper selbst macht, um sich besser gegen Krankheitserreger wehren zu können.

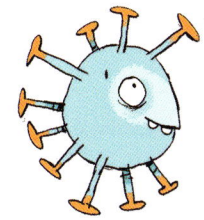

Fieber ist wichtig für die Abwehr von Krankheiten. Es hilft deinem Immunsystem.

Es kann aber passieren, dass unser Körper nicht gleich den richtigen Antikörper findet und das Fieber immer weiter steigen lässt. Dann wird es gefährlich. Unser Körper kann maximal 42 Grad Fieber aushalten, danach können wir sogar sterben.

INFOKASTEN 4

Inkubationszeit

Angenommen, ein Krankheitserreger schafft es, an deiner unspezifischen Immunabwehr vorbeizukommen und sich in deinem Körper einzunisten. Dann können zwei Dinge passieren: Entweder der Keim beschädigt deine Zellen und Organe, sodass die nicht mehr richtig arbeiten können (zum Beispiel schädigt Corona meist die Lunge), oder er produziert Stoffe, die für dich giftig sind, wie es zum Beispiel bei Tetanus (Wundstarrkrampf) der Fall ist.

Die Zeit von der Ansteckung bis zum Ausbruch der Krankheit wird Inkubationszeit genannt. Meist, aber nicht immer, ist man auch erst ab dem Ausbruch der Krankheit ansteckend.

GEGENSÄTZE ZIEHEN SICH AN – IMMER DER NASE NACH

Hast du schon mal festgestellt, dass du jemanden nicht riechen magst? Oder dass jemand irgendwie gut duftet? Gut so! Deine feine Spürnase wird dir noch viel nützen! Vor allem bei der Auswahl deines zukünftigen Partners oder deiner Partnerin: Empfinden wir deren Duft als angenehm, bedeutet das, dass unsere Immunsysteme verschieden sind. Genau genommen geht es darum, wie unser Immunsystem die Antikörper erwürfelt. Jeder würfelt ein bisschen anders und so kommen andere Antikörper zustande. Wenn solche Partner Kinder bekommen, ist das perfekt. Denn die beiden Immunsysteme ergänzen sich, Nachkommen sind so besser vor Krankheiten geschützt. Die Nase spielt übrigens nicht nur bei Menschen eine Rolle bei der Partnerwahl, sondern bei allen Wirbeltieren. Vermutlich empfindet ein Fisch ganz ähnlich wie ein Mensch, wenn er sich zu einer Partnerin hingezogen fühlt. Die Gefühle steuern nämlich unser Verhalten. Verrückte Vorstellung, was? Aber so ist das! Wenn die Evolution einmal etwas Gutes erfunden hat, dann behält sie diesen Trick bei, und so ist es auch bei der Partnerwahl. Das Gegenteil ist übrigens, wenn uns jemand stinkt. Oft empfinden wir das bei engen Familienmitgliedern. Der Grund: Sie haben ein sehr ähnliches Immunsystem. Dass wir sie „nicht riechen können", ist ebenfalls gut, denn so werden **Inzucht** und **Erbkrankheiten** verhindert.

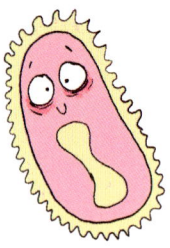

IMPFUNG

Wie man das Immunsystem trainiert

Kannst du dir das Jahr 1796 vorstellen? Und wie die Menschen damals gelebt haben? Vermutlich ein bisschen, doch bestimmt nicht wirklich. Aber vielleicht weißt du noch, wie es sich anfühlt, acht Jahre alt zu sein. James Phipps, Sohn eines Gärtners, war im Jahr 1796 acht Jahre alt, als ihn der Chef seines Vaters, der Arzt Edward Jenner, absichtlich mit einem lebensgefährlichen Virus infizierte. Heute ist es kaum vorstellbar, ein Kind im Namen der Wissenschaft mit einer tödlichen Krankheit zu infizieren (siehe Infokasten auf Seite 126). Doch das Experiment mit dem kleinen James hat Millionen von Menschen das Leben gerettet.

Das Virus, um das es geht, lässt viele Menschen erschaudern – es ist das Pockenvirus, der Riese unter den Viren. Pockenviren gelten als die größten Viren, die Menschen krank machen können: Anfangs hat man „nur" hohes Fieber, begleitet von grippeähnlichen Symptomen wie Müdigkeit und Schmerzen im Körper. Doch dann verändert sich die Haut: Erst erscheinen Flecken, dann Bläschen, die später zu großen Eiterblasen werden. Wenn man nicht stirbt, verkrusten die Blasen im Laufe der Krankheit und werden zu ziemlich hässlichen Narben. Wir hoffen, wir haben dich jetzt nicht in Angst und Schrecken versetzt – keine Sorge, die Pocken gelten seit 1980 als offiziell ausgerottet (siehe Infokasten 1 auf Seite 128).

Pocken (oder auch Blattern genannt) gab es schon bei den alten Ägyptern. Das beweisen Mumien, bei denen die typischen Narben gefunden wurden. Pocken sind eine der gefürchtetsten Infektionskrankheiten, denn früher starb fast jeder Dritte daran. Ganz ähnlich wie bei den Grauhörnchen (siehe Seite 27), die eine Krankheit auf die englischen Eichhörnchen übertragen haben, hat das Pockenvirus vermutlich den europäischen Einwanderern in Amerika geholfen: Europa hatte zu dieser Zeit bereits mehrere Pockenepidemien erlebt und viele Menschen waren deshalb immun. Die Indianer waren es nicht und so starben sie in Massen. Bis in das 20. Jahrhundert hinein waren die Pocken weltweit verbreitet und eine große Bedrohung.

Doch zurück nach England zu James Phipps. Edward Jenner hatte bemerkt, dass Bauern seltener an Pocken erkrankten als andere Menschen. Der Arzt überlegte, warum: Es gab viele Bauern, die an einer anderen Krankheit, den Kuhpocken, erkrankt waren. Diese pockenartige Krankheit wurde ebenfalls durch ein Virus ausgelöst, verlief aber nicht so schlimm und die Bauern waren nach wenigen Tagen wieder gesund. War es möglich, dass die Bauern dank der Kuhpocken nicht an den Menschenpocken erkrankten? Vielleicht, weil ihr Immunsystem bereits Erfahrung mit dem Pockenvirus gesammelt hatte?

Um diese Frage zu beantworten, infizierte er zunächst den Sohn seines Gärtners mit Kuhpocken. Wie er das machte? Er ritzte James' Haut an einer Stelle etwas auf und schmierte dann den Eiter einer an Kuhpocken erkrankten Bäuerin hinein. James' wurde krank, war aber nach ein paar Tagen wieder gesund. Ein paar Wochen später infizierte der Arzt James ein zweites Mal – diesmal mit den todbringenden Menschenpocken. Wie es James dabei wohl ergangen sein mag? Zum Glück ging das Kalkül des Arztes auf, der kleine James blieb gesund. Dieser Fall ging in die Medizingeschichte ein und gilt meist als die erste erfolgreiche Impfung.

Doch ganz richtig ist das nicht: Schon vor 3.000 Jahren wurde in China ganz ähnlich geimpft, nur dass lebende Menschenpockenviren verwendet wurden. Ähnliche Verfahren waren auch in Indien und im Orient bekannt. Im Gegensatz zur Impfung des englischen Arztes Jenner (Impfung mit Kuhpocken) waren diese Verfahren sehr riskant, denn es wurde ja mit dem echten Erreger der Pocken geimpft. Vermutlich haben aber sogar schon unsere Vorfahren vor Millionen von Jahren Impfschutz betrieben. Vielleicht fragst du dich, woher wir das wissen können. Bei Schimpansen, die heute so leben

KRANKHEITEN UND WAS WIR TUN KÖNNEN

wie unsere Vorfahren in der Steinzeit, wurde beobachtet, dass sie ihre Babys nach der Geburt in der Gruppe herumreichen. Forscher spekulieren darüber, dass auf diese Weise bereits die Keime der Gruppe auf das Baby übertragen werden.[18] Das könnte tatsächlich funktionieren. Denn Babys von Wirbeltieren haben nach der Geburt für einige Monate einen passiven Impfschutz (siehe Seite 130) von ihrer Mutter.

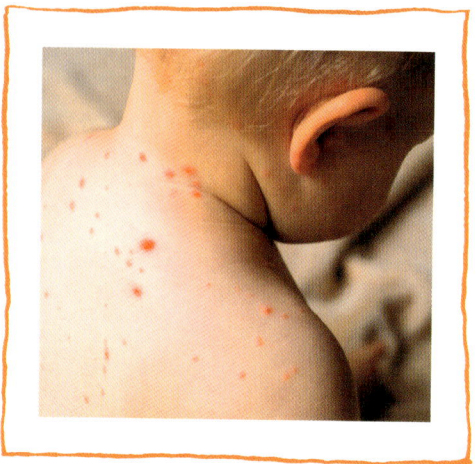

Windpocken: Auch wenn die Krankheit überstanden ist, die Viren bleiben im Körper und können noch Jahrzehnte später eine Gürtelrose auslösen.

INFOKASTEN

Edward Jenner war ein englischer Arzt und lebte von 1749 bis 1823. Heute wäre sein Experiment mit dem kleinen James moralisch unvorstellbar, aber damals war es etwas anderes. Als man ihm vorwarf, dass so ein Einzelfall nicht überzeugend sei, zögerte er nicht, seinen eigenen Sohn zu infizieren. Er war einfach fest von der Wirkung überzeugt. Man kann ihm auch keinen Egoismus vorwerfen, denn er „verschenkte" seine Methode zum Wohle aller, was heute undenkbar wäre. Er wollte einfach nur den Menschen das unsagbare Leiden einer Pockenerkrankung ersparen und dafür war er bereit, hohe Risiken einzugehen.

AKTIVE IMPFUNG

Wie du am Beispiel der Pocken schon erfahren hast, wird bei einer Impfung unser Immunsystem unter nahezu ungefährlichen Bedingungen trainiert. Die Antigene, mit denen es unser Körper bei einer Impfung zu tun bekommt, sorgen für eine Reaktion des Immunsystems. Alle unsere Soldaten, die du im vorangegangenen Kapitel kennengelernt hast, werden aktiviert. Dein Immunsystem denkt, dass du eine gefährliche Krankheit hast, und arbeitet mit Hochdruck dagegen an. Es ist also ganz normal, dass du dich nach einer Impfung ein bisschen krank fühlst. Allerdings kommt es nicht zu einer Erkrankung, weil wir nicht die kompletten Erreger, sondern meist nur Teile davon mit den Antigenen in den Körper bekommen. Am Ende merken sich unsere Gedächtniszellen (Schatztruhen) den Bauplan für die entsprechenden Antikörper und haben sie für die echte Krankheit parat. Diese Immunisierung kann unterschiedlich lange bestehen: bei Kinderlähmung fast ein Leben lang, für zehn Jahre bei Tetanus oder auch nur einige Jahre bei der durch Zecken übertragenen Hirnhautentzündung (FSME).

In der Vergangenheit wurde bei Pocken, aber auch bei der Kinderlähmung mit lebenden Erregern geimpft. Das Risiko, durch eine Impfung krank zu werden, war dabei

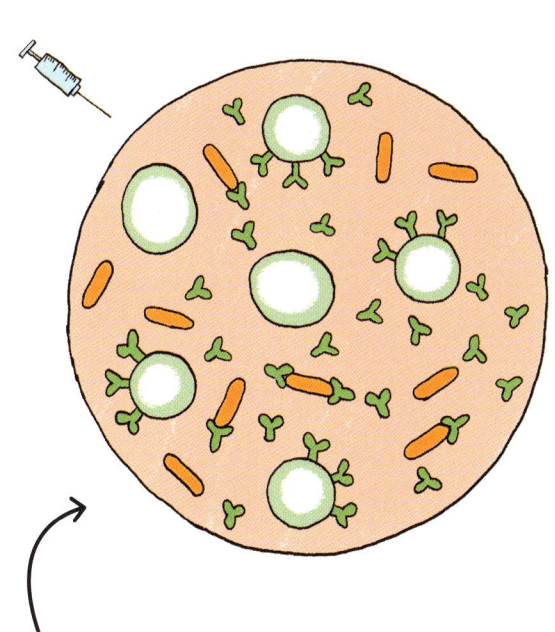

Nach einer Impfung entwickelt der Körper eine Immunabwehr.

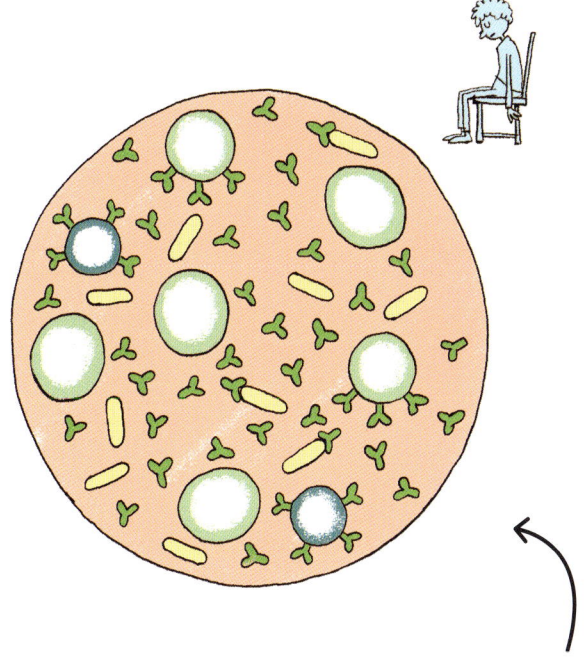

Wird er später krank, hat der Körper schon die passenden Antikörper und kann sich wehren.

verhältnismäßig hoch. Heute wird fast nur noch mit Erregern geimpft, die abgetötet wurden, und auch sonst wird versucht, die Nebenwirkungen so gering wie möglich zu halten. Dennoch gibt es auch Nebenwirkungen bei Impfungen. Deshalb werden die Impfstoffe ausgiebig getestet: zuerst an Tieren und dann an menschlichen Freiwilligen. Dieser Prozess dauert meist mehrere Jahre.

Obwohl Anfang 2020 von vielen Menschen eine Lockerung dieser Testbedingungen gefordert wurde, damit es schnell eine Impfung gegen das Coronavirus gibt, blieben die Ärzte hart und bestanden auf ihre ausgiebigen Tests. Denn eine Impfung soll so sicher wie möglich sein – schließlich möchte keiner gern zum Versuchskaninchen werden wie der arme James seinerzeit.

INFOKASTEN

Die größte Impfkampagne aller Zeiten

Auf Beschluss der Weltgesundheitsorganisation (WHO) wurde 1967 die Pockenimpfung zur Pflicht. Es wurden 2,4 Milliarden Menschen geimpft. Damals lebten weniger als 4 Milliarden Menschen auf der Welt. Es wurde also mehr als jeder Zweite geimpft. Eine unglaubliche Leistung, dank derer am 8. Mai 1980 die Pocken als ausgerottet erklärt wurden. Es ist kaum vorstellbar, wieviel Leid dadurch vermieden wurde.

ABLAUF DES PROZESSES EINER IMPFSTOFF-TESTREIHE

Phase 1:
Phase 2:
Phase 3:
Phase 4:

Phase 1: An ca. 30 bis 50 Menschen wird die grundsätzliche Wirksamkeit und Verträglichkeit des Impfstoffes getestet.
Phase 2: An ca. 200 bis 400 Menschen wird nach der optimalen Dosis gesucht.
Phase 3: Ca. 3.000 bis 10.000 Menschen werden getestet, um eine Zulassung zu bekommen.
Phase 4: Nach der Zulassung und Markteinführung wird weiter an der Effektivität und Sicherheit geforscht.

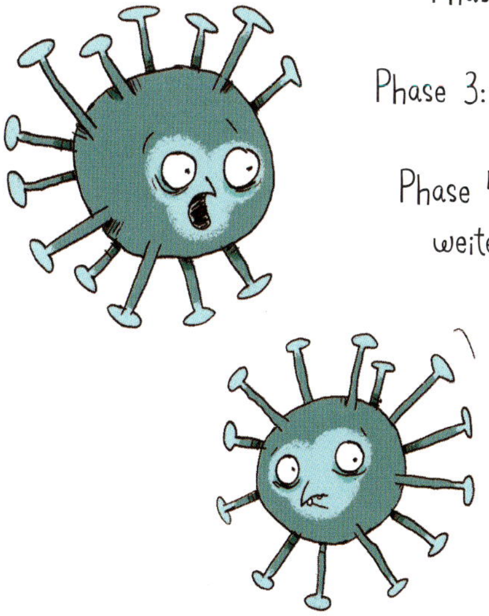

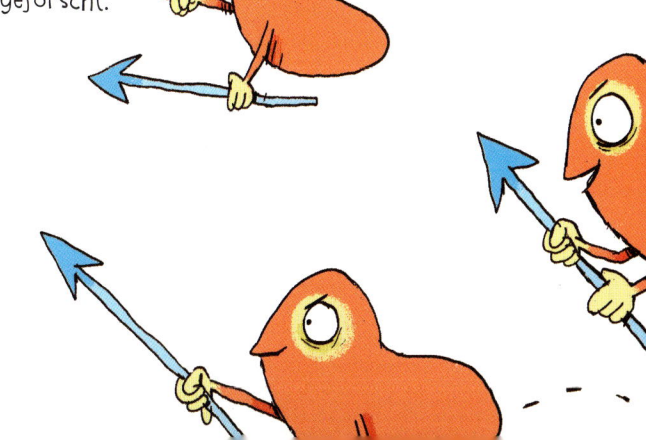

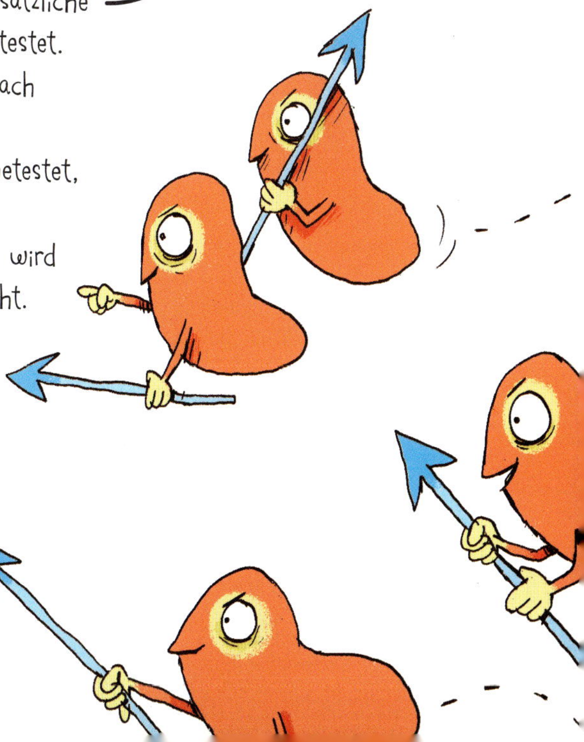

PASSIVE IMPFUNG

Passive Impfung ist ein bisschen so wie Mogeln beim Würfelspiel. Wie du im vorigen Abschnitt gelesen hast, werden die unterschiedlichen „Zähne" (Antikörper) von unserem Immunsystem per Zufall gebaut. Es ist also im Prinzip wie beim Würfeln reine Glückssache, ob unser Körper die richtigen Beißerchen gegen eine Krankheit findet oder nicht.

Wird passiv geimpft, kann sich unser Immunsystem die Mühe sparen, nach einer wirksamen Waffe gegen einen Erreger zu suchen – sie wird ihm einfach gespritzt. Das ist eine geniale Idee. Wer sie hatte? Der Arzt **Emil Behring**[6]. Er infizierte Pferde mit einer bestimmten Krankheit. Das Immunsystem der Pferde begann zu arbeiten und stellte die entsprechenden Antikörper (die „Zähne" in unserer Abbildung auf den Seiten 118 und 119) her. Diese musste er dann nur aus dem Blut der Pferde herausfiltern. Er erhielt das sogenannte Serum, eine Flüssigkeit mit ganz vielen Zähnen. Im Jahr 1901 bekam Emil Behring für seine geniale Idee den ersten Nobelpreis für Medizin. Seine Erfindung funktioniert sogar bei Vergiftungen, beispielsweise durch einen Schlangenbiss, oder bei dem Gift, das der Tetanuserreger abgibt.

Weiß man, um welche Krankheit oder um welches Gift es sich handelt, kann ein entsprechendes **Heilserum** gespritzt werden. Genau wie bei den „Zähnen", die unser Körper selbst basteln würde, verbeißen sich die Antikörper der Pferde an den Antigenen der gefährlichen Eindringlinge, fesseln sie und markieren sie für die Fresszellen.

Die Sache hat allerdings zwei Nachteile: Zum einen müssen die Antikörper irgendwo herkommen. Meist werden sie aus Menschen oder Tieren, die die Erkrankung oder die Vergiftung bereits überstanden haben, gewonnen. Zum anderen ist das Ganze eine kleine Mogelpackung: Unser Immunsystem hat die „Zähne" (Antikörper) nicht selbst hergestellt, kann sie also nicht nachproduzieren, und die gespritzte Menge ist begrenzt. Sobald sie verbraucht ist, stehen wir den Keimen wieder schutzlos gegenüber. Eine passive Impfung ist also eigentlich gar keine echte Impfung, sondern eher ein Medikament, das gezielt unser Immunsystem unterstützt.

[6] Wenn du mehr über Emil Behring erfahren willst und älter als 12 Jahre bist, dann kannst du dir ja die ARD-Serie *Charité* ansehen. Dort lernst du einen Teil seiner Arbeit kennen.

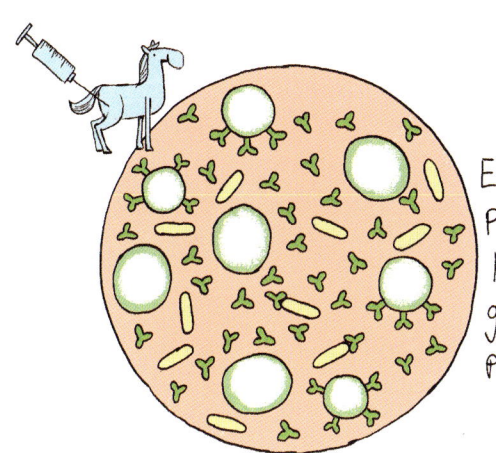

Ein Tier, meist ein Pferd, bekommt Krankheitserreger gespritzt und produziert Antikörper.

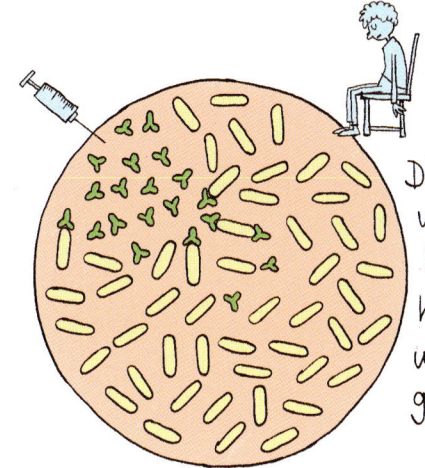

Diese Antikörper werden aus dem Blut des Pferdes herausgefiltert und einem Menschen gespritzt.

IMPFKRITIK

Während unserer Forschungsarbeit an den Universitäten in Kiel und Berlin waren wir ein Jahr in Florida (USA). Dort haben wir an einer privaten Mensch-Delfin-Begegnungsstätte, dem Dolphins Plus, gearbeitet und unter anderem die sogenannte Delfintherapie[7] erforscht. Dabei sollen Delfine schwer kranke Kinder behandeln oder sogar heilen.

Viele Kinder, die in dem Zentrum therapiert wurden, hatten laut ihrer Eltern einen Impfschaden erlitten, das bedeutet, dass sie nach einer Impfung krank wurden: Manche hatten sich von ihrer Umwelt abgekapselt und reagierten kaum auf andere Menschen, andere konnten nicht laufen und wieder andere hatten schwere Gehirnschäden. Wir waren sehr schockiert und unser positives Bild von Impfungen kam kräftig ins Wanken.

Doch nicht nur das. Auch unser Bild von Delfinen veränderte sich. Wir waren nach Florida gegangen, weil wir die Meeressäuger toll fanden, wollten mit ihnen viel Zeit verbringen. Wir waren sicher, dass den Delfinen das genauso viel Freude bringen würde wie uns. Denn aus Büchern, dem Fernsehen und dem Delfinarium wussten wir, dass Delfine Menschen lieben, uns gern Kunststücke vorführen und mit uns zusammen sind. Bei unseren Forschungen stellte sich genau das Gegenteil heraus: Delfine finden Menschen gar nicht so lustig. Kamen wir Zweibeiner zu ihnen ins Wasser, tauchten die Tiere ab, versuchten, den Fremdlingen mit Maske und Schnorchel so gut wie möglich auszuweichen. Dafür, dass sie kranke Menschen heilen, fanden wir keine Beweise, die Delfintherapie hat, wenn überhaupt, nur einen **Placeboeffekt**. Karsten wurde daraufhin professioneller Delfinschützer und arbeitete

[7] Wenn du mehr über die Delfintherapie erfahren möchtest, dann schau doch mal in Karstens Buch *Wie Tiere sprechen und wie wir sie besser verstehen*, da gibt es ein ganzes Kapitel dazu.

zehn Jahre für die internationale Umweltschutzorganisation WDC. Katrin wurde Wissenschaftsjournalistin und wollte unbedingt für mehr Wissen und Verständnis sorgen.

Obwohl Impfungen eine der grandiosesten Erfindungen in der Medizingeschichte sind, haben laut einer Umfrage der Bundeszentrale für gesundheitliche Aufklärung sechs Prozent der Deutschen Bedenken, sich oder ihre Kinder impfen zu lassen. In einem Beitrag, den Katrin für das Fernsehen gemacht hat,[19] hat sie sowohl Menschen getroffen, die Nebenwirkungen von einer Impfung hatten, als auch Menschen, die ungeimpft krank wurden. Beide Gruppen waren für ihr Leben geschädigt und mussten mit schweren Beeinträchtigungen zurechtkommen.

Zweifelsfrei sind Impfungen, wie jeder medizinische Eingriff, mit Risiken verbunden und es ist sehr wichtig, genau abzuwägen, ob Risiko und Nutzen in einem vernünftigen Verhältnis stehen. Nehmen wir als Beispiel die von Zecken übertragene Hirnhautentzündung FSME. Besonders im Süden Deutschlands übertragen Zecken mit hoher Wahrscheinlichkeit diese Krankheit. In solchen Gebieten ist es absolut sinnvoll, sich impfen zu lassen. Wenn ich allerdings in Kiel wohne, ist dies überflüssig. Auf Impfungen wie gegen Kinderlähmung oder Tetanus zu verzichten, ist aber aus unserer Sicht sehr unvernünftig. Vermutlich überwiegen auch bei den meisten Impfungen die Vorteile, denn die Nebenwirkungen werden durch die umfangreichen Tests so weit wie möglich reduziert.

INFOKASTEN

Herdenimmunität

Es klingt ein bisschen komisch, aber im biologischen Sinne sind wir Menschen eine große Herde. Wenn die meisten Menschen immun sind, spricht man von Herdenimmunität. Die Ausbreitung von Infektionskrankheiten wird dann verhindert. Ein Kranker kann zwar immer noch andere anstecken, aber da die meisten Menschen immun gegen die Krankheit sind, werden sie nicht krank. Das ist also eine Sackgasse für die Erreger. In diesem Fall sind sogar die Menschen geschützt, die nicht immun sind. Wenn sie durch großen Zufall einem Kranken begegnen, haben sie natürlich Pech und stecken sich an, aber auch sie können die Krankheit nicht weiterverbreiten, denn die meisten anderen sind ja immun.

Weißt du noch, wie man immun werden kann?
Sieh auf Seite 181 nach!

Wie verheerend wäre es hier, wenn die meisten Personen nicht immun wären und ein Erkrankter alle anstecken würde?

HOFFNUNGSTRÄGER RNA-IMPFUNG

Der Trick: Mittels RNA, die wir wie eine herkömmliche Impfung gespritzt bekommen, bringen wir unseren Abwehrzellen bei, selbst Antigene von Krankheitserregern zu produzieren und sie in ihren „Schaufenstern" gut sichtbar zu zeigen. Das klingt ein bisschen verrückt, ist aber genial! Denn im Prinzip stellen unsere Zellen den Impfstoff selbst her.

Die übliche Herstellung von Impfstoffen ist ziemlich kompliziert und aufwendig: Meist muss für jede Impfung ein Hühnerei infiziert werden. Nach einigen Tagen wird der Embryo, der sich in dem Ei entwickelt hat, getötet. Danach entnimmt man seinem Blut die Krankheitserreger, macht sie unschädlich und fertig ist eine Impfdosis. Wie du dir denken kannst, ist das aber ein wahnsinniger Aufwand. Darüber hinaus müssen die Hühner, die die Eier legen, steril, also keimfrei, gehalten werden. Artgerecht ist das sicher nicht. Firmen, die das hinkriegen, gibt es nicht so viele und so ist es natürlich schwer, einen Impfstoff in großen Mengen herzustellen. Auch der Transport der Impfstoffe ist kompliziert, denn sie müssen ununterbrochen gekühlt werden.

RNA-Impfungen sind auf diesen Aufwand nicht angewiesen. Sobald man den genetischen Code des Erregers kennt, kann man relativ unkompliziert eine entsprechende RNA nachbauen. Eine sehr spezifische und möglicherweise sogar nebenwirkungsarme Impfung wäre so innerhalb von Wochen denkbar. Die Forscher hoffen sogar, dass die Analyse des Erregers und die RNA-Produktion der Impfung in einem einzigen, kühlschrankgroßen Gerät erfolgen können. Das wäre ein Durchbruch für die ganze Welt und ein Segen für Entwicklungsländer.

Eigentlich gibt es nur einen Nachteil: Als wir dieses Buch geschrieben haben, gab es noch keine einzige zugelassene RNA-Impfung. Im Gegensatz zu herkömmlichen Impfstoffen könnte man mit einer RNA-Impfung in kürzester Zeit die gesamte Weltbevölkerung preiswert versorgen. Doch ist es wirklich eine gute Idee, ein Impfverfahren, mit dem wir noch keine Erfahrung haben und dessen Nachteile wir noch gar nicht kennen, gleich an allen Menschen auszuprobieren?

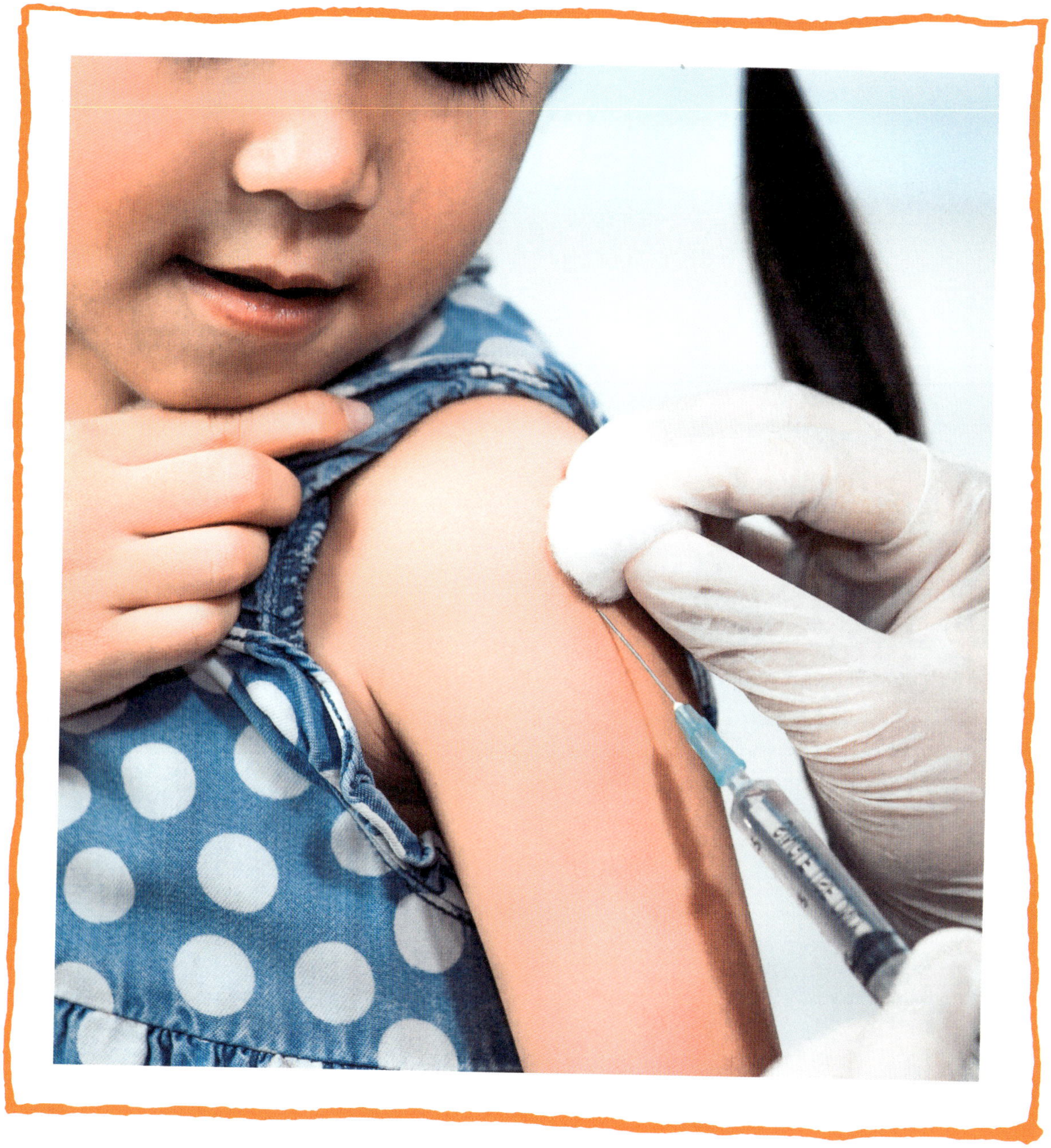

ein kleiner Stich
mit großer Wirkung

Noch heute werden viele Impfstoffe aus Hühnereiern hergestellt. Jede einzelne Impfung braucht ein Ei und die Hühner müssen unter sterilen Bedingungen leben. Alle unsere Anfragen, wie das dann genau aussieht, blieben unbeantwortet.

MEDIKAMENTE

Das Waffenarsenal der Ärzte

Hast du dich schon mal gefragt, warum Medikamente eigentlich funktionieren? Die meisten Menschen gehen mit einem gesundheitlichen Problem zum Arzt und wollen ein Medikament dagegen haben. Wie das funktioniert, ist ihnen egal, Hauptsache, es hilft. Wenn es dir nicht egal ist und du vielleicht auch wissen willst, warum es Nebenwirkungen gibt, dann solltest du jetzt weiterlesen.

Jedes Medikament ist eine **chemische** Verbindung, die in irgendeiner Form in den Stoffwechsel (siehe Seite 18) deiner Zellen oder von Krankheitserregern eingreift. Von vielen Medikamenten wissen wir bisher nicht, wie sie das tun. Wir haben irgendwann festgestellt, dass sie eine bestimmte Wirkung haben, und nutzen sie einfach. Je nach Ursache der Krankheit wirken die Medikamente gegen Krankheitserreger (Infektionskrankheiten) oder gegen Krankheiten, die aus uns selbst heraus entstehen (zum Beispiel **Krebs** oder **Arthritis**). Da es in diesem Buch um Mikrobiologie und Krankheitserreger geht, schauen wir uns Medikamente gegen Infektionskrankheiten an.

ANTIBIOTIKA

Medikamente, die prima gegen Bakterien wirken, heißen Antibiotika. Wie so oft in der Forschungsgeschichte war auch die Entdeckung des ersten Antibiotikums reiner Zufall: Der Arzt und Forscher Alexander Fleming züchtete mal wieder ein paar Bakterien. Als er nach einigen Tagen am 28. September 1928 seine Versuchsschalen ansah, machte er eine merkwürdige Entdeckung: In einer seiner Schalen wuchsen nicht nur die Bakterien, sondern auch ein

Schimmelpilz (siehe Zeichnung auf Seite 138). Seine logische Schlussfolgerung: Er hatte offensichtlich nicht sauber gearbeitet. Doch dann fiel ihm auf, dass in der Umgebung des Pilzes keine Bakterien wuchsen. 17 Jahre später erhielt Fleming für diese Entdeckung den Nobelpreis. Er hatte das erste wirklich wirksame Mittel gegen Bakterien entdeckt, das Antibiotikum Penicillin.

Endlich gab es ein Medikament, das sogar gegen die Pest wirkte. Später entdeckte Fleming auch ein Gift unserer unspezifischen Immunabwehr (siehe Seite 112), das Lysozym. Es kommt zum Beispiel im Speichel und in der Tränenflüssigkeit vor. Doch wie genau wirken Penicillin und Lysozym eigentlich? Was macht diese Stoffe für Bakterien so gefährlich und warum sind sie nicht auch gefährlich für uns?

Antibiotika wirken nur gegen Bakterien.

INFOKASTEN 1

Wer erfindet eigentlich Antibiotika, Virostatika und Antimykotika (siehe Infokästen auf Seite 141)? Forscher experimentieren bei der Entwicklung von Medikamenten erst seit wenigen Jahren mit künstlichen Stoffen. Bis dahin war die Natur die Quelle ihrer Inspiration, denn viele Pflanzen, Tiere und Pilze haben im Verlauf der Evolution Wirkstoffe entwickelt, um sich gegen Bakterien zu schützen. Das Penicillin stammt von dem Schimmelpilz *Penicillium*.

KRANKHEITEN UND WAS WIR TUN KÖNNEN

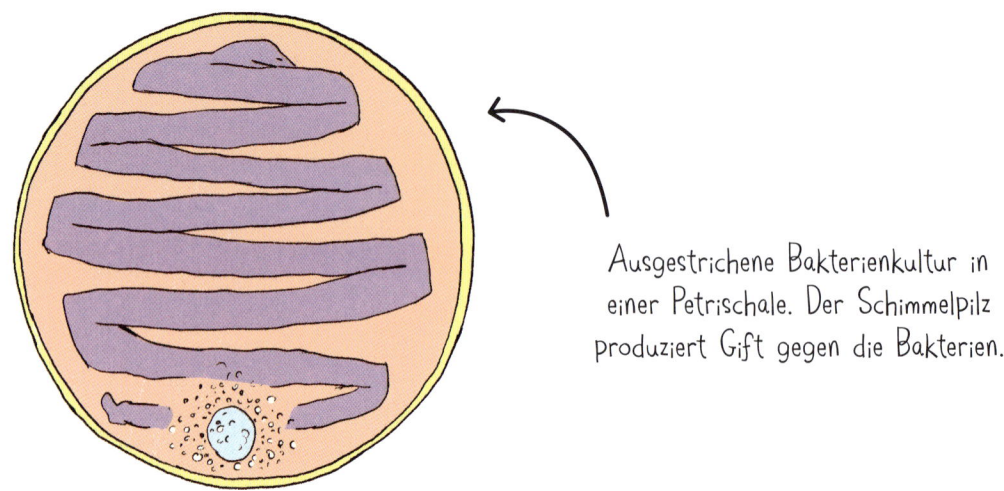

Ausgestrichene Bakterienkultur in einer Petrischale. Der Schimmelpilz produziert Gift gegen die Bakterien.

Antibiotika wirken ganz speziell auf den Stoffwechsel von Bakterien. Der ist nämlich anders als der Stoffwechsel von uns und anderen Tieren. Deshalb sind die chemischen Prozesse auch sehr unterschiedlich. Penicillin zum Beispiel hemmt den Aufbau der Zellwand. Tiere haben keine Zellwand, sondern nur eine Zellmembran und daher hat Penicillin auch keinen Einfluss auf sie. Penicillin tötet übrigens keine Bakterien, sondern verhindert nur, dass neue Bakterien eine Zellwand aufbauen können. Lysozym löst bestehende Zellwände auf. Beides ist für die Bakterien ein echtes Problem, denn ohne Zellwand sind sie schutzlos und können sogar platzen. Warum das so ist, erfährst du, wenn du uns nach Kiel folgst.

In Kiel gibt es am Nord-Ostsee-Kanal tagtäglich ein schreckliches Schauspiel zu beobachten: Unzählige Quallen, die über das Wasser aus dem Kanal in die Ostsee kommen, wachsen plötzlich so lange, bis sie platzen. Am Ende treiben überall zerfetzte Quallenstücke durch das Wasser. Ein grausamer Anblick, wenn man weiß, wie schön Quallen unter Wasser aussehen. Doch was ist mit ihnen passiert? Bestimmt hast du bei einem Urlaub schon einmal aus Versehen Meerwasser geschluckt – ziemlich salzig, oder? Meere sind unterschiedlich salzig: Das Mittelmeer ist salziger als der Atlantische Ozean, die Nordsee salziger als die Ostsee. Kommen Quallen aus der Nordsee in die Ostsee, passiert Folgendes: Quallen bestehen hauptsächlich aus Wasser. In dem Wasser sind Salze gelöst. Wenn sich an der Schleuse des Kanals das salzigere Wasser aus der Nordsee mit dem weniger salzigen der Ostsee mischt, will jedes einzelne

Salzmolekül so viel Wasser um sich herum wie möglich. Und so zieht es die Wassermoleküle förmlich an. Natürlich zieht auch das Salz in den Quallen das Ostseewasser an. Es fließt also immer mehr Wasser in die Quallen hinein. Irgendwann ist so viel Wasser in die Qualle hineingeflossen, dass sie platzt. Das Problem ist nämlich, dass die kleinen Wassermoleküle zwar in die Qualle hinein-, die großen Salzmoleküle aber nicht aus der Qualle herauskönnen. Der Druck, der sich so aufbaut, wird osmotischer Druck genannt. Bei Bakterien ist es ganz ähnlich: Wird ihre Zellwand zerstört oder daran gehindert, sich aufzubauen, dann hat das Bakterium nichts, was es dem inneren Druck entgegensetzen kann, und platzt.

INFOKASTEN 2

Antibiotika haben auch nach andere Möglichkeiten, Bakterien gefährlich zu werden. So gibt es Stoffe, die die Proteinbiosynthese (siehe Seite 66) behindern. Die Bakterien können dadurch ihre Protein-Maschinen nicht bauen und so ist ihr Ende nur eine Frage der Zeit. Andere Antibiotika behindern das Auslesen der genetischen Informationen oder den Aufbau der Zellmembran. Genau genommen gibt es unzählige Möglichkeiten, Bakterien fertigzumachen. Doch Bakterien haben auch ihre Tricks! Mehr darüber erfährst du im Kapitel *Resistenzen und Ausblick.*

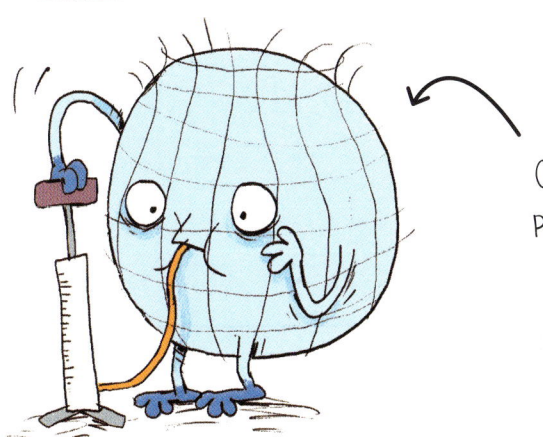

Osmotischer Druck kann eine Zelle platzen lassen wie einen Luftballon.

Eine alte Medizinerweisheit lautet: „Keine Wirkung ohne Nebenwirkung". Dabei handelt es sich um unerwünschte Nebeneffekte, die gemeinsam mit der gewünschten, chemischen Reaktion ausgelöst werden. Natürlich versuchen Forscher, die Nebenwirkungen durch Ausprobieren zu reduzieren. Manchmal kommt es aber später trotzdem zu unerwarteten und sehr gefährlichen Nebenwirkungen. Am bekanntesten in Deutschland ist der Contergan-Skandal von 1961: Das vermeintlich harmlose Beruhigungsmittel Contergan löste bei Ungeborenen schwere Behinderungen aus. Sie wurden meist ohne Arme, oft auch ohne Beine geboren.

Für den ersten Pharmaskandal sorgte kein anderer als der berühmte Robert Koch, der Namensgeber des Robert Koch-Institutes (RKI, siehe Seite 77): Sein Heilmittel Tuberkulin zeigte nur anfangs Wirkung, verschlimmerte aber am Ende die Krankheit Tuberkulose sogar.

Das eigentliche Problem an Robert Kochs Medikament war aber nicht das Medikament selbst, sondern die Tatsache, dass es aufgrund der großen Nachfrage kaum getestet worden war.

Unzählige Medikamente werden erforscht. Viele haben keine Wirkung oder unerwünschte Nebenwirkungen. Darum werden viele Medikamente niemals zugelassen und das ist auch gut so. Nach dem Contergan-Skandal wurde deutlich, wie wichtig es ist, Medikamente ausgiebig zu testen. Deshalb dauert es meist einige Jahre, bis eine Impfung oder ein Medikament von den Behörden zugelassen wird. Dieser Fakt gilt auch bei einer Pandemie wie Corona, selbst wenn die Nachfrage gigantisch und die Weltwirtschaft bedroht ist.

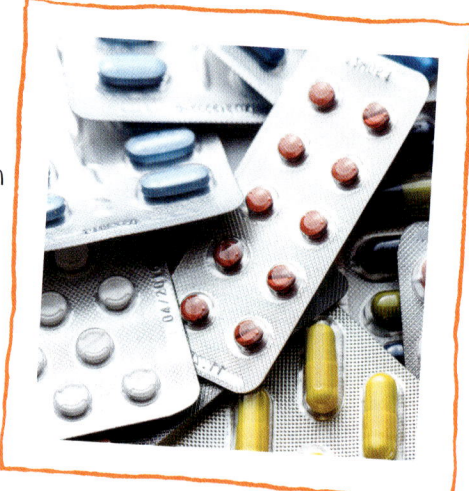

kleine, bunte Pillen, hinter denen viel Arbeit und Forschung steckt, bevor sie uns helfen können

Egal ob Antibiotika, Virostatika oder Antimykotika – alle haben eines gemeinsam: Sie greifen in irgendeiner Form ganz speziell in den Stoffwechsel der Krankheitserreger ein. Entweder sie töten sie direkt oder sie hemmen ihre Vermehrung. In beiden Fällen haben die Krankheitserreger verloren. Das, was von ihnen übrig bleibt, ist für unsere Fresszellen ein wahrer Leckerbissen.

Medikamente und Impfstoffe müssen ausgiebig getestet werden!

INFOKASTEN 3

Antimykotika

Die Waffe gegen Pilze heißt Antimykotika. Diese Medikamente waren lange ein Problem, denn Pilze sind mit uns viel näher verwandt als mit Bakterien. Ihre biochemischen Prozesse gleichen den unseren und deshalb griffen die Medikamente auch menschliche Zellen an. Dann wurde Ergosterin entdeckt, ein Baustoff, der nur in der Zellmembran von Pilzen vorkommt. Kurz darauf fanden die Forscher eine Möglichkeit, den Membranaufbau mit Ergosterin zu stören, und schon gab es sehr spezifische Medikamente gegen Pilze.

INFOKASTEN 4

Virostatika

Die Waffe gegen Viren heißt Virostatika. Da Viren nicht leben, kann man sie auch nicht töten. Na gut, ganz so einfach ist das nicht: Viren benutzen ja unsere Zellen, um sich zu vermehren. Das bedeutet, wenn wir gegen Viren kämpfen wollen, müssen wir gegen unsere eigenen Zellen vorgehen. Doch alles, was wir unseren Zellen mit Medikamenten antun, behindert sie bei ihrer Arbeit. Meist sind die Nebenwirkungen immens. Es gibt nur wenige Medikamente wie beispielsweise Aciclovir, das gegen Herpes hilft, bei dem man mit einem Trick die Nebenwirkungen reduzieren konnte.

Es ist kaum zu glauben, aber selbst Tiere nutzen Medikamente! In Karstens Buch *Das Mysterium der Tiere* hat er unzählige Beispiele dafür zusammengetragen. Besonders beeindruckend sind Ameisen, die sich von ungesunder Nahrung ernähren, wenn sie von Pilzen befallen sind. Die ungesunde Nahrung ist reich an **freien Radikalen**. Diese chemischen Verbindungen sind zwar auch für die Ameisen schädlich, aber noch mehr schaden sie den Pilzen. Gesunde Ameisen würden die ungesunde Nahrung nicht anrühren. Die kranken Ameisen akzeptieren somit sogar die Nebenwirkungen.[20] Beeindruckend ist auch das Beispiel einer Elefantendame, die einen Umweg von 20 Kilometern machte, um Blätter von einem ganz bestimmten Baum zu fressen. Sie war schwanger und nutzte die Blätter, um die Wehen einzuleiten. Schwangere Frauen in dieser Region benutzen die Blätter des Baumes übrigens auch.[21]

Wusstest du, dass die Natur eine Apotheke ist, in der sich viele Tiere Medikamente besorgen und selbst verabreichen?

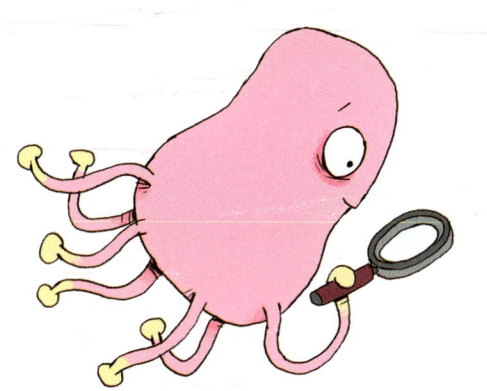

Bevor du das Experiment machst, verdecke bitte die folgende Tabelle. Nun überlege gemeinsam mit deinen Eltern, welche Kinderkrankheiten dir einfallen und wer sie auslöst: Viren oder Bakterien? In der Tabelle sind die bekanntesten Krankheiten und ihre Erreger aufgeführt.

Kinderkrankheit	Erreger	Gibt es eine Impfung
Masern	Viren	ja
Dreitagesfieber	Viren	nein
Keuchhusten	Bakterien	ja
Mittelohrentzündung	Viren und Bakterien	nein
Mumps	Viren	ja
Windpocken	Viren	ja
Scharlach	Bakterien	nein
Mandelentzündung	Viren und Bakterien	nein
Röteln	Viren	ja
Hand-Fuß-Mund-Krankheit	Viren	nein
Ringelröteln	Viren	nein
Diphterie	Bakterien	ja
Meningitis	Viren und Bakterien	ja
Pseudokrupp	Viren	nein
Kinderlähmung	Viren	ja
Pfeiffer-Drüsenfieber	Viren	nein

Ein wichtiger Gedanke: Die meisten der hier aufgeführten Krankheiten werden von Viren ausgelöst und sind somit nicht durch Antibiotika heilbar. Ärzte haben gegen diese Krankheiten kaum Medikamente. Sie können nur die Symptome etwas lindern. Die einzige hochwirksame Möglichkeit, uns vor diesen teilweise schrecklichen Krankheiten zu schützen, ist Impfung.

KRANKHEITEN UND WAS WIR TUN KÖNNEN

RESISTENZEN UND AUSBLICK

Was sie nicht umbringt, macht sie stark.

Resistenz bedeutet so viel wie Widerstandsfähigkeit. Da ist also jemand fähig, Widerstand zu leisten, in unserem Fall die Bakterien. Doch das, was zwischen unseren Medikamenten, den Antibiotika, und den Bakterien passiert, ist nichts Geringeres als ein Kampf. Es ist ein furchtbares Gemetzel mit allen erdenklichen Waffen:

- Wenn wir mit Antibiotika auf die Bakterien losgehen, werfen sie uns Antibiotikafallen entgegen.[8]

- Sie nutzen so etwas wie Schutzschilde, die dafür sorgen, dass unsere Waffen an ihnen abprallen. Dabei ändern sie ihre Molekülstruktur und verhindern damit das Andocken unserer Antibiotika.[9]

- Sie machen ihre Grenzen dicht, indem sie die Durchlässigkeit ihrer Zellmembran verändern.[10]

- Sie erfinden Maschinen, sogenannte Efflux-Pumpen. Damit befördern sie unsere Antibiotika einfach wieder nach draußen.[11]

- Wenn wir, bildhaft gesprochen, eine Brücke gesprengt haben und so die Versorgung der Bakterien mit wichtigen Baustoffen mithilfe von Antibiotika behindern, dann schrauben die Bakterien einfach die Produktion der fehlenden Proteine nach oben.

- Sie organisieren sich in Biofilmen und bilden eine schützende Schleimschicht.

---

[8] β-Lactamase gegen β-Lactam-Antibiotika und Aminoglykoside oder Chloramphenicol-Acetyltransferase gegen Chloramphenicol
[9] Dies vermindert die Wirksamkeit von Vancomycin, β-Lactamen, Makroliden und Rifampicin.
[10] Dies hat eine verminderte Aufnahme des Antibiotikums zur Folge, vor allem von β-Lactamen, Aminoglykosiden, Fluorchinolonen, Sulfonamiden und Trimethoprim.
[11] vor allem Tetrazykline

Eigentlich ist es ein Wunder, dass unsere Antibiotika überhaupt noch funktionieren. Der große Vorteil: Wenn unsere Waffen wirken, dann haben Bakterien absolut keine Chance.

Doch eine Waffe ist nur so gefährlich wie derjenige, der sie benutzt, und genau da liegt das Problem: Wir Menschen haben im Kampf gegen Bakterien hervorragende und extrem gefährliche Waffen, aber wir benutzen sie oft falsch. Dadurch ermöglichen wir es den Bakterien, sich zu wehren.

Was genau machen wir falsch? Wenn Antibiotika zu gering konzentriert sind, kann es sein, dass einige Bakterien überleben und noch genügend Zeit haben, Gegenmaßnahmen zu erfinden. Das Gleiche gilt auch, wenn Antibiotika zu kurz gegeben werden oder wenn Menschen vergessen, sie einzunehmen. Für Bakterien sind die Stunden, in denen im Körper wenig Antibiotika sind, eine erfindungsreiche Verschnaufpause.

Es kann aber auch passieren, dass Antibiotika zu lange eingenommen werden.[22] Oft werden auf Verdacht auch die falschen Antibiotika gegeben oder man verwendet Breitbandantibiotika, wenn es gar nicht erforderlich ist. Letztere möchte man lieber für den Notfall aufheben, denn sie wirken gegen viele verschiedene Bakterien und sind, wenn es schnell gehen muss, die letzte Hoffnung.

Es ist unsagbar wichtig, Antibiotika genau so zu nehmen, wie der Arzt es empfiehlt, aber ihm auch nicht blind zu vertrauen.

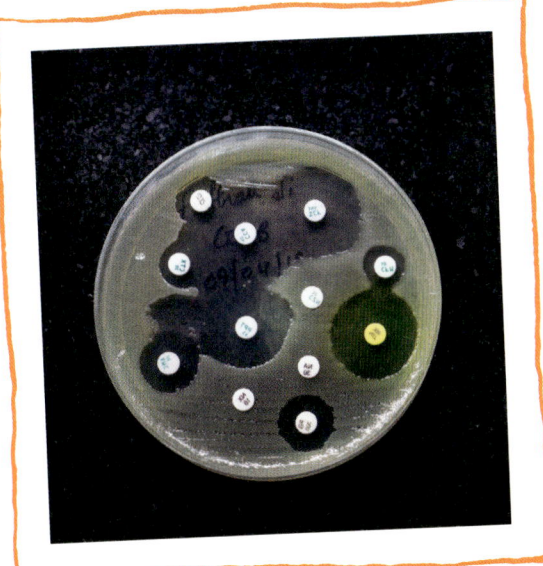

Jeder weiße Punkt enthält ein anderes Antibiotikum. Nur neun der zwölf Antibiotika wirken gegen die Bakterien. Man erkennt den durchsichtigen Ring um die wirksamen Mittel, dort wachsen keine Bakterien.

Nun kommen wir zum eigentlichen Problem: resistente Bakterien. Damit gemeint sind Bakterien, die einen Antibiotik-Angriff überlebt haben. Sie haben alle Tricks ihres Feindes auf Lager und seine Angriffe prallen an ihnen ab – sie sind resistent dagegen.

Doch nicht nur sie, sondern auch all ihre Nachkommen. Und es kommt noch schlimmer: Nicht nur die Nachkommen kennen all unsere Waffen. Bakterien können Informationen in beliebig vielen kleinen DNA-Schnipseln speichern und über Sexpili (siehe Seite 40) untereinander austauschen. Es kann sogar passieren, dass deine eigenen Bakterien, die mit dir friedlich zusammenleben und viele wichtige Dinge für dich erledigen (siehe Kapitel *Mikrobiom – unsere Freunde*), ihre Antibiotikaresistenzen an gefährliche Bakterien weitergeben. Es ist ihnen völlig egal, ob sie dabei Sex mit Bakterien einer anderen Art haben.

Um ehrlich zu sein: Gegen all diese Dinge kann man eigentlich nichts tun. Es wird immer Menschen geben, die ihre Antibiotika zu kurz oder zu lange oder zu unregelmäßig nehmen. Leider werden Antibiotika oft auch unnötigerweise von Ärzten verschrieben, zum Beispiel bei einer hartnäckigen Erkältung. Da die meisten Erkältungen durch Viren ausgelöst und nur in den seltensten Fällen von einer zusätzlichen Infektion mit Bakterien begleitet werden, ist es völlig nutz- und sinnlos, Antibiotika zu geben.

Ein weiteres großes Problem ist die industrielle Tierhaltung. Vielleicht fragst du dich, was Medikamente für Menschen mit Tierhaltung zu tun haben. Das ist ganz einfach: Natürlich werden auch Tiere krank und dann werden sie mit den gleichen Antibiotika behandelt wie wir. Da in der Massentierhaltung so viele Tiere wie nur möglich unter meist unhygienischen Bedingungen zusammenleben, geben Tierärzte vorsorglich allen Tieren Antibiotika, auch wenn nur eines krank ist. Darüber hinaus haben die Bauern festgestellt, dass Schweine oder Kühe schneller wachsen, wenn sie Antibiotika bekommen. Das ist natürlich eine praktische Sache, denn wenn die Tiere schneller wachsen, kann Fleisch billiger produziert werden. Obwohl diese Praxis bereits 2006 in Europa verboten wurde,[23] machen sich viele Bauern Gesetzeslücken zunutze,[24] um der Tiernahrung trotzdem Antibiotika beizumischen. Zusätzlich zu der Fütterung von Antibiotika verordnen Tierärzte bei Bedarf die Medikamente. Es ist kaum zu glauben, aber für die Tiere in Deutschland werden doppelt so viel Antibiotika verschrieben wie für Menschen (Menschen verbrauchen 700 bis 800 Tonnen pro Jahr, für Tiere werden 1.200 bis 1.700 Tonnen verschrieben).[25]

Nun ist es aber so, dass Antibiotika zu großen Teilen unverdaut ausgeschieden werden. Dann landen sie mit der **Gülle** auf den Feldern. Das Gleiche passiert übrigens auch mit unseren Antibiotika: Auch sie landen oft auf den Feldern. Vorher nehmen sie einen Umweg über die Klärwerke (siehe Kapitel *Nützliche Helfer*). Durch viel Wasser verdünnt sind die Antibiotika für die Bakterien nicht mehr gefährlich. Doch die Menge reicht aus, um sie zu trainieren und in aller Ruhe Resistenzen entwickeln zu lassen.[26]

Das Ende vom Lied: Wir essen mit unserem frischen Salat vom Feld Bakterien, die eine Vielzahl von Resistenzen entwickelt haben. Die treffen auf unsere körpereigenen Bakterien und geben ihr Wissen, wie man Antibiotika bekämpft, an sie weiter. Danach ist leider noch nicht Schluss, denn unsere Bakterien bringen diese Tricks wiederum Krankheitserregern bei.

Es gibt auch viel schlimmere Bilder der industriellen Massentierhaltung, manchmal sogar so gruselig, dass wir es uns kaum vorstellen können.

KRANKHEITEN UND WAS WIR TUN KÖNNEN

Besonders schlimm ist es auch, wenn in der Massentierhaltung sogenannte Reserveantibiotika verabreicht werden. Eigentlich sind diese Medikamente nur für uns Menschen, denn sie gelten im Krankenhaus als letzte Rettung.

Die Weltgesundheitsorganisation (WHO), aber auch Wissenschaftler und Ärzte auf der ganzen Welt warnen vor einer Zeit, in der wir keine wirksamen Antibiotika mehr haben werden.

INFOKASTEN

Das Edikt von Salerno

Tierärzte müssen sich an eine sehr gute und alte Vorschrift *nicht* halten: Der Stauferkaiser Friedrich II. erließ im Jahre 1231 ein Gesetz, das Apotheker und Ärzte klar trennte. Ärzte durften behandeln, aber keine Medikamente verkaufen und Apotheker durften Medikamente verkaufen, aber nicht behandeln. Diese kluge Festlegung, die übrigens noch heute gilt, schützt Patienten davor, Medikamente zu bekommen, die nur den Reichtum der Ärzte mehren. Tierärzte sind von dieser vernünftigen Regelung ausgenommen. Wenn sie bei einem Schwein in der Massentierhaltung eine ansteckende Krankheit entdecken, können sie vorsorglich anordnen, dass alle Schweine behandelt werden müssen. Da sie wie jeder Verkäufer am Umsatz beteiligt sind, kommen in einem Betrieb der industriellen Schweinehaltung mit mehreren Tausend Tieren schnell mal ein paar Tausend Euro Zuverdienst hinzu.

↶ Eigentlich lieben Kühe es, auf einer Wiese frisches Gras und Kräuter zu fressen.

UNSERE FREUNDE UND WIE WIR ZUSAMMENLEBEN

Ohne Mikrowelt sind wir verloren.

NÜTZLICHE HELFER – DAS KLÄRWERK

Ein Musterbeispiel für Nachhaltigkeit

Zugegeben: Handys, Computer oder auch Autos sind tolle Dinge. Aber die wirklich genialste Erfindung von uns Menschen ist das Klärwerk. Ja, wirklich, du hast richtig gelesen. Wir meinen diese etwas abseits von Städten versteckten Industrieanlagen, die all das sammeln, was wir in der Toilette hinunterspülen. Weißt du eigentlich, wo in deiner Stadt die Kläranlage steht? Vermutlich nicht, denn die meisten Menschen wollen überhaupt nicht wissen, wohin unsere stinkenden Abwässer fließen. Kleiner Tipp: Wenn deine Stadt einen Fluss hat, dann ist das Klärwerk immer flussabwärts hinter der Stadt. Warum? Kein Mensch möchte, dass die Abwässer eines Klärwerks durch die Stadt fließen. Dabei wäre das gar nicht nötig. Karsten hatte während seines Studiums einen Nebenjob als Forschungstaucher und tauchte regelmäßig an dem Auslassrohr des Klärwerks Bülk in der Nähe von Kiel. Das Institut für Meereskunde wollte wissen, ob das Klärwerk das Leben von Pflanzen und Tieren in der Kieler Bucht, einem Teil der Ostsee, beeinträchtigte. Tat es nicht. Selbst die Schwimmer im Wasser bemerkten überhaupt nicht, dass ein Klärwerk in der Nähe war, so sauber war das Wasser.

Um zu verstehen, wie aus dem wirklich ekligen Abwasser unserer Kanalisation wieder sauberes Wasser wird, müssen wir dich in die Natur entführen. Du hast sicher schon gehört, dass in der Natur alles in Kreisläufen funktioniert. Vieleicht kennst du den Wasserkreislauf: Wasser verdunstet über dem Meer, wandert als Wolken übers Land, regnet sich dort ab und fließt gesammelt über Flüsse wieder zurück ins Meer. So einen Kreislauf gibt es auch für organisches Material, also Überreste von Pflanzen oder

Tieren. In der Biologie wird dieser Kreislauf in drei Bereiche unterteilt: Der erste Bereich gehört den Pflanzen. Sie stellen aus dem Kohlendioxid in der Luft, den Nährstoffen sowie dem Wasser aus dem Boden mithilfe des Sonnenlichts **Biomasse** (organische Verbindungen wie z. B. Zucker) her. Sie werden daher auch als Produzenten bezeichnet.

Zu dem zweiten Bereich gehören wir Menschen sowie alle Tiere. Wir essen Pflanzen, sie liefern unserem Körper Energie oder er benutzt sie als Baumaterial für neue Zellen. Statt essen könnten wir auch „konsumieren" sagen, weshalb die zweite Gruppe Konsumenten heißt.

Natürlich muss sich der Kreislauf irgendwie wieder schließen, denn sonst würden überall abgestorbene Pflanzen und tote Tiere rumliegen.

Ohne Mikroorganismen würden wir in unserem Dreck ersticken.

Hier kommen als dritter Bereich die Zersetzer (Destruenten) ins Spiel. Es sind die Mikroorganismen, die das organische Material zersetzen, damit daraus wieder anorganisches Material wird, das von Pflanzen aufgenommen werden kann. Dieser Abbauprozess läuft in zwei großen Schritten ab, einmal mit und einmal ohne Sauerstoff. Stirbt ein Lebewesen, egal ob Pflanze, Tier, Pilz oder Bakterium, fallen seine Überbleibsel (die Biomasse) zu Boden und bleiben dort liegen. Das geschieht überall, in deinem Garten, im Wald, auf dem Feld oder auch im Wasser, in Flüssen, Seen und Meeren.

Der ewige Kreislauf der Natur

Zunächst wird dieses biologische Material von Mikroorganismen, die Sauerstoff benötigen, aufgefuttert. Irgendwann ist der Sauerstoff aus der Luft oder dem Wasser aber verbraucht. Nun sind die Fäulnisbakterien dran. Sind sie fertig, ist alles wieder in Nahrung für die Pflanzen umgewandelt. Ein genialer Kreislauf überall auf der Welt.

Genau diese beiden Schritte finden auch in einem Klärwerk statt. Ein Klärwerk ist so etwas wie eine Wellnessoase für Mikroorganismen. Zunächst dürfen sie nach Herzenslust in einem riesigen Whirlpool mit ganz vielen Blubberblasen planschen. Essen gibt es im Überfluss und die Luftblasen sorgen für genügend Sauerstoff zum Atmen. Die Whirlpools haben einen speziellen Namen: Belebtschlammbecken. Na, hast du Lust bekommen, ein Bad darin zu nehmen?

Obwohl unsere Abwässer schon zu einem großen Anteil aus Bakterien bestehen, legen die jetzt noch mal richtig los und vermehren sich wie verrückt. Genau genommen wird dadurch der Dreck immer weniger, aber die Bakterien immer mehr.

Danach geht es in einen Ruheraum, das sogenannte Nachklärbecken. Hier können sich unsere nützlichen Helfer von der anstrengenden Arbeit erholen und sinken zu Boden. Von dort aus geht es in eine Bakteriensauna, den Faulturm. Dort lümmeln sie aber nicht einfach faul herum: Im Faulturm geht die Post ab! Fäulnisbakterien zersetzen alles, was in ihrem Turm ankommt. Dazu brauchen sie nicht mal Sauerstoff. Was dann übrig bleibt, heißt Überschussschlamm. Er landet getrocknet als Dünger auf den Feldern. Leider enthält dieser Schlamm auch viele schädliche Stoffe und daher geht man aktuell dazu über, den Schlamm zu verbrennen.

Ganz nebenbei entstehen im Faulturm auch nützliche Gase, zum Beispiel Methan (das hast du schon im Kapitel *Die Entstehung des Lebens* kennengelernt). Es ist schon eine komische Vorstellung, aber mit den Bakterienpupsen können wir heizen oder unseren Gasherd in der Küche betreiben!

unappetitlich, aber ein echter Wertstoff

INFOKASTEN 1

Kannst du dich noch an die Entstehung von Antibiotikaresistenzen im Kapitel *Resistenzen und Ausblick* erinnern? In dem Moment, in dem der Überschussschlamm aus dem Klärwerk als Dünger auf die Felder kommt, schließt sich auch hier ein Kreislauf: Die Antibiotika gelangen in geringer Konzentration auf die Felder und die Bakterien dort können in aller Ruhe neue Resistenzen entwickeln.

INFOKASTEN 2

All die **Biomasse** (Kartoffeln, Möhren, Erdbeeren usw.), die wir auf unseren riesigen landwirtschaftlichen Feldern produzieren, essen und anschließend mit dem Kot ausscheiden, landet in den Klärwerken. Wenn man bedenkt, wie winzig die Fläche eines Klärwerks im Vergleich zur landwirtschaftlichen Nutzfläche ist, dann wird einem klar, welche unglaubliche Leistung diese winzigen Lebewesen namens Fäulnisbakterien vollbringen.

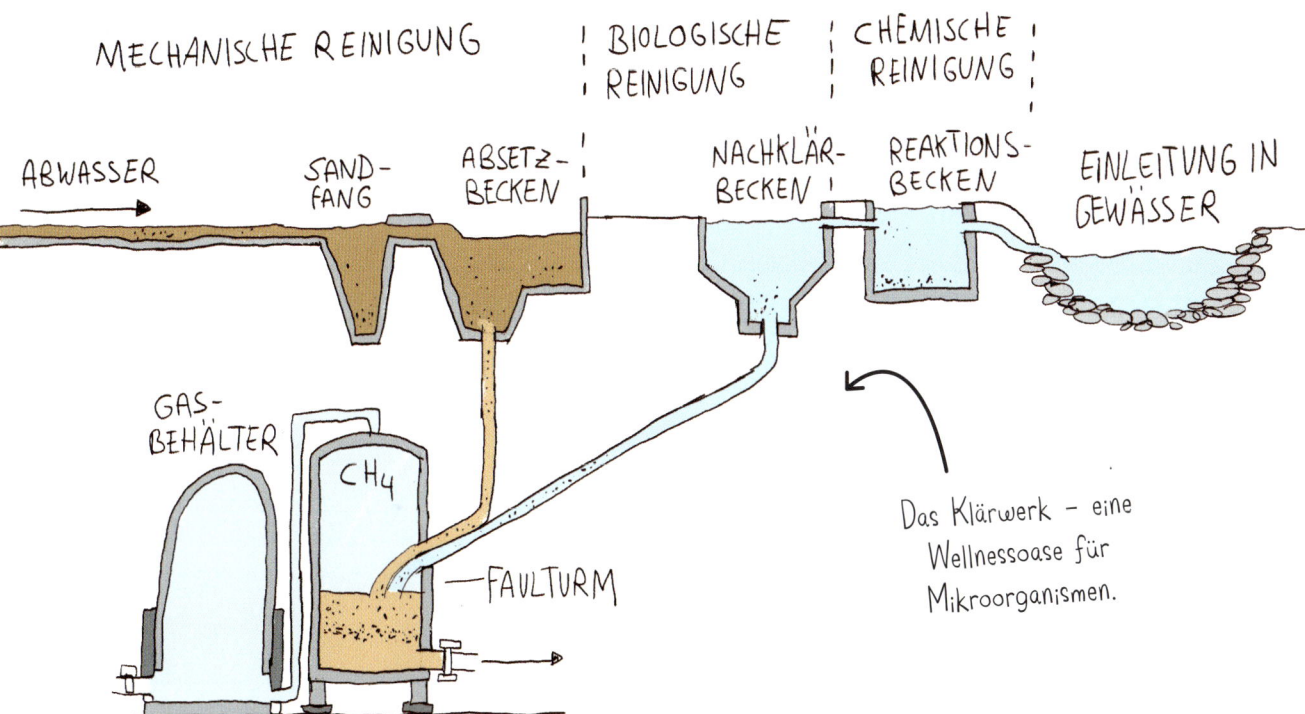

Das Klärwerk – eine Wellnessoase für Mikroorganismen.

MIKROBIOM – UNSERE FREUNDE

Eine fremde Welt in uns

Im Kapitel *Bakterien* haben wir dir erzählt, dass wir Bakterien gern lebend essen. Du hast erfahren, dass ein großer Teil unserer Nahrung durch Mikroorganismen hergestellt wird. Ohne sie gäbe es keinen Käse, keinen Joghurt und auch kein Brot. Im letzten Kapitel hast du erfahren, was mit unserem Stuhlgang im Klärwerk geschieht und warum wir tatsächlich mit jedem Toilettengang wichtige Rohstoffe verschenken. Aber wir haben dir auch erzählt, dass wir Bakterien züchten, gemeint sind die Bakterien in unserem Darm, denn das sind wirklich tolle Freunde.

Für Mikroorganismen ist dein Körper ein gigantisches Ökosystem. Deine gesamte Körperoberfläche, also auch die innere Oberfläche, die aus Magen und Darm besteht, ist Lebensraum für Milliarden von Lebewesen. Da gibt es beispielsweise Bakterien, die mit dir zusammenleben, aber nicht viel mit dir zu tun haben. Sie sind so etwas wie Platzhalter und verhindern, dass sich Keime breitmachen, die dir schaden.

Es gibt aber auch Bakterien, Viren und Pilze, die dich krank machen können. Sie werden meist von deinem Immunsystem in Schach gehalten. Manchmal hilfst du dabei sogar aktiv mit, zum Beispiel beim Zähneputzen, wenn du die Kariesbakterien wegrubbelst.

Dann gibt es noch die dritte Gruppe: Diese Bakterien helfen dir und sind vermutlich sogar lebenswichtig. Insgesamt trägst du ungefähr zwei Kilogramm davon mit dir herum. Deine Gefolgschaft aus Mikroorganismen hat sogar einen wissenschaftlichen Namen: Mikrobiom. Wo es lebt? Hauptsächlich in deinem Darm.

Ganz ähnlich wie in einem richtigen Ökosystem ist auch hier die Artenvielfalt (siehe Infokasten auf Seite 158) wichtig. Je mehr Arten, desto gesünder der Mensch. Die Erforschung des Mikrobioms ist aber noch ganz neu und wir beginnen gerade erst, die Zusammenhänge zu verstehen. Doch einige fast unglaubliche Fakten sind schon bekannt: Es ist zum Beispiel nicht unwahrscheinlich, dass dich Mikroorganismen sogar ein bisschen steuern. Moment mal, wirst du jetzt denken. Ich bin doch ich und ich weiß doch, was ich will, ich lasse mich nicht einfach von irgendjemandem steuern!

Ob du es glaubst oder nicht, aber damit liegst du falsch. Manche Wissenschaftler sind sogar der Meinung, dass der eigene Wille ein Märchen ist, das sich unser Gehirn selbst erzählt. Verrückte Vorstellung, was? Wenn du dazu mehr lesen möchtest, dann empfehlen wir dir Karstens bisherige Bücher. Darin wird gut erklärt, wie das Denken und das Fühlen von Tieren und Menschen funktionieren. Letztlich basiert alles auf Botenstoffen und elektrischen Signalen und genau darauf haben auch die Mikroorganismen in deinem Bauch Einfluss.

Kaum zu glauben, aber Bakterien in unserem Bauch steuern unser Verhalten.

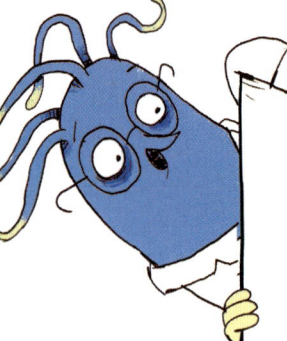

INFOKASTEN

Artenvielfalt

Artenvielfalt bedeutet, dass es viele Arten in einem Ökosystem gibt. Ein Ökosystem ist zum Beispiel der tropische Regenwald, das Korallenriff oder einfach nur ein See. In einem Ökosystem leben viele unterschiedliche Arten zusammen und sind meist direkt oder indirekt aufeinander angewiesen. Je mehr Arten es darin gibt, desto weniger können äußere Einflüsse dem Ökosystem schaden. Wenn zum Beispiel bei einer bestimmten Art eine Krankheit auftritt, dann kann sich diese schlechter ausbreiten, denn der nächste Artgenosse ist weit entfernt. Wenn sich eine Umweltbedingung ändert, dann mag es für einige Arten ein Problem sein, aber andere Arten können sich gut anpassen. Je mehr Arten, desto flexibler kann das Ökosystem reagieren. So ähnlich ist es auch mit deinem Mikrobiom. Ganz anders ist es in der industriellen Landwirtschaft. Wenn dort ein Tier oder eine Pflanze eine Krankheit bekommt, kann diese leicht auf das nächste Individuum übertragen werden und alle werden krank. Bedenklich ist übrigens, dass wir Menschen in der westlichen Welt viel weniger Arten in uns haben als zum Beispiel Naturvölker wie die Yanomami in Südamerika. Wissenschaftler machen sogar unser verringertes Mikrobiom für viele sogenannte **Zivilisationskrankheiten** verantwortlich.

Doch wie kannst du dir die Welt in deinem Darm vorstellen? Manche deiner Mitbewohner mögen Gemüse, andere Obst und wieder andere Fleisch. Es gibt sogar welche, die mögen Fast Food oder Zucker. Manchmal, wenn du Appetit auf etwas ganz Besonderes hast, könnte dieser Wunsch von deinen hungrigen Mikroorganismen im Darm kommen. Aber was passiert, wenn du von etwas Bestimmtem, beispielsweise Pommes, zu viel isst? Die Bakterien, die auf Pommes stehen und davon eine ordentliche Portion bekommen, wachsen natürlich besonders gut. Sie wachsen so gut, dass die Konzentration ihrer Botenstoffe immer höher wird. Sie schreien nach mehr, sodass du die Wünsche der anderen Bakterien kaum noch hörst. Stell dir vor, wie problematisch es ist, wenn deine Fast-Food-Bakterien überhandnehmen. Wissenschaftler nennen das ein sich selbst verstärkendes System, denn am Ende willst du nur noch Fast Food essen. Eine rohe Möhre, Brokkoli oder gar ein grüner Apfel sind dann Schreckensbilder. Menschen, die so empfinden, werden als Erwachsene meist übergewichtig, bekommen viele Krankheiten und werden von ihren Mikroorganismen fehlgesteuert. Um ihnen zu helfen, arbeiten Mediziner mit Stuhltransplantationen. Es ist zwar eklig, aber ja, du vermutest richtig! Der Stuhlgang einer gesunden Person mit gesunder Ernährung wird einfach in den Darm einer kranken Person gespritzt. Hier vermehren sich die guten Bakterien und geben wieder sinnvolle Signale und der Patient hat wieder Appetit auf gesunde Nahrung.

Forscher konnten bei Mäusen sogar beobachten, dass sich der Charakter ändert, wenn man mit Antibiotika das Mikrobiom abtötet. Selbst Stimmungsschwankungen, Depressionen und Wohlgefühle hängen vermutlich zum großen Teil von deinem Mikrobiom und somit von deiner Ernährung ab.

Der über 150 Jahre alte Spruch des Philosophen Ludwig Feuerbach „Der Mensch ist, was er isst" gewinnt plötzlich eine ganz neue Bedeutung.

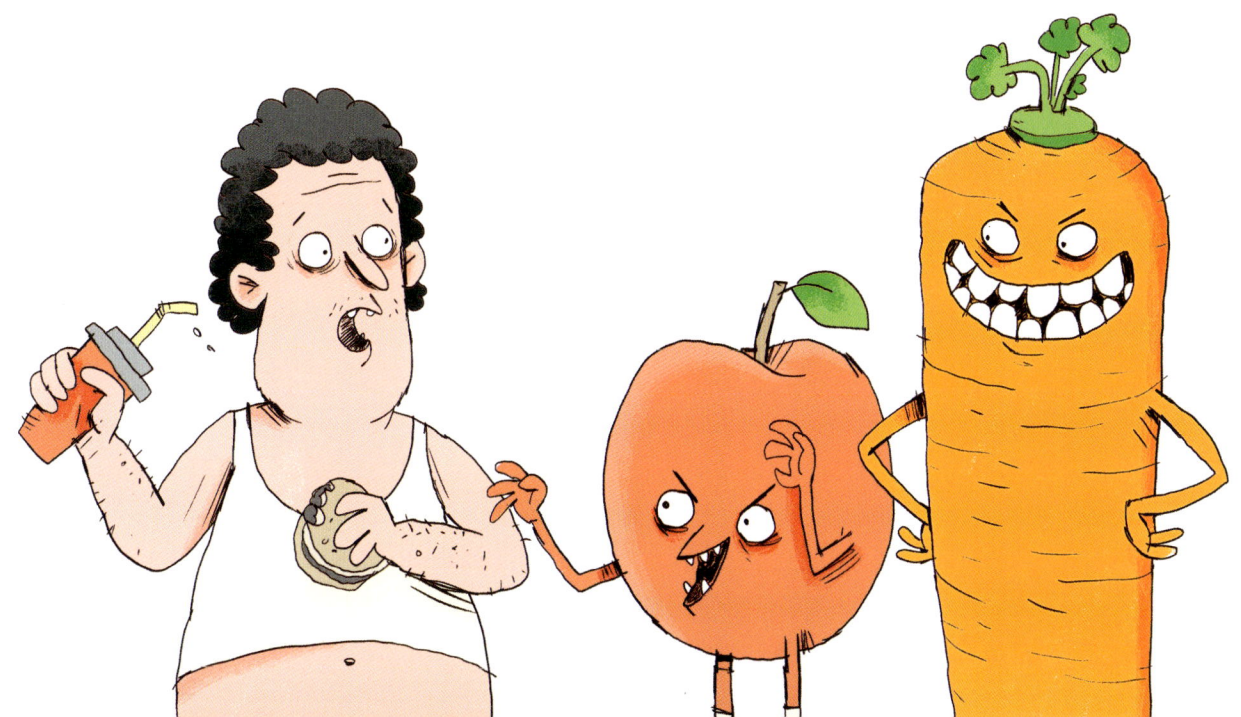

Nachdem du nun weißt, dass sie da sind und dass sie dich sogar ein bisschen steuern, fragst du dich wahrscheinlich, wozu diese Bakterien eigentlich gut sind. Dazu zwei Beispiele:

DAS GEHIRN

Du kannst dich sicher noch an die Fresszellen im Kapitel *Immunsystem* erinnern. Diese Fresszellen gibt es nicht nur in der Haut, sondern im ganzen Körper. Je nachdem, wo sie sind, funktionieren sie ein bisschen anders und werden meist auch anders genannt. Im Gehirn nennt man sie Mikrogliazellen. Sie wandern zwischen deinen Nerven umher und halten alles schön sauber. Damit sie das gut können, brauchen sie eine ganz bestimmte Art von Fett, sogenannte kurzkettige Fettsäuren (Propionsäure). Die kann unser Körper nicht einfach so essen und leider nicht selbst herstellen, er braucht dazu im Darm ganz bestimmte Bakterien. Gibt es davon zu wenige oder sind sie durch eine Antibiotikakur getötet worden, dann fehlt die Nahrung für deine Fresszellen. Die Folge: Sie verkümmern wie eine Pflanze ohne Wasser. Viele Krankheiten des Gehirns und der Nerven, zum Beispiel **Multiple Sklerose**, **Parkinson** oder **Alzheimer,** entstehen vermutlich durch Stoffe, die sich im Gehirn abgelagert haben. Forscher glauben nun, dass der Grund dafür die Mikrogliazellen sind. Sie haben ihren Job nicht richtig gemacht. Nicht, weil sie nicht wollten, sondern weil sie nicht konnten: Sie bekamen einfach zu wenig von ihrem Leibgericht – Propionsäure.

DER DICKDARM

Vor einigen Jahren hat die Weltgesundheitsorganisation davor gewarnt, dass zu viel Fleischessen Darmkrebs verursachen kann. Diese Warnung wurde nicht leichtfertig gegeben, sondern war wissenschaftlich genauso sicher bewiesen wie der Zusammenhang zwischen Rauchen und Lungenkrebs. Es wird daher empfohlen, nicht mehr als 300 Gramm Fleisch oder Wurst (ein Steak hat schon 200 g) pro Woche zu essen.

Wer viel Fleisch isst, spart oft an Vollwertkost (Obst, Gemüse, Getreideprodukte wie Müsli oder Vollkornbrot und -nudeln). Das Mikrobiom lechzt aber genau danach. Denn

deine Mitbewohner brauchen Gemüse und Co., um die oben schon erwähnten speziellen Fette (hier sind es aber die kurzkettigen Fettsäuren der Buttersäure) zu erzeugen. Die braucht wiederum dein Körper. Wozu? Beim Verdauen von Fleisch entsteht Abfall, der für deinen Körper schädlich sein kann. Um diesen abzubauen, braucht es die Buttersäuren, sonst entsteht nach vielen Jahren der ungesunden, fleischlastigen Ernährung Darmkrebs.

Übrigens: Darmkrebs ist die zweithäufigste Krebserkrankung in Deutschland.

WAS KANNST DU TUN, UM DEIN MIKROBIOM ZU PFLEGEN?

Zum Glück ist diese Frage ganz einfach zu beantworten. Iss bitte so oft wie möglich Vollkornprodukte. Dazu viel Gemüse und Obst und dein Darm wird jubeln!

Wenn du mal ernsthaft krank warst und Antibiotika nehmen musstest, kannst du sicher sein, dass dein Mikrobiom darunter gelitten hat, vielleicht sogar abgetötet wurde. Dann helfen ihm Milcherzeugnisse wie Joghurt, Kefir, Sauermilch und anderes wieder auf die Sprünge. Denn solche Produkte enthalten jede Menge gute Bakterien. In der Apotheke gibt es auch spezielle mikrobiologische Aufbaukuren.

Außerdem ist es besonders für Kinder absolut sinnvoll, Kontakt zu Tieren und der Natur zu haben. Dadurch kannst du viele Bakterien sammeln und ein artenreiches Mikrobiom aufbauen. Natürlich ist das auch ein prima Training für dein Immunsystem.

Das Gegenteil von alldem ist übrigens eine übertrieben reinliche Umgebung, viele Süßigkeiten, wenig Kontakt zur Natur und zu Tieren und zu viel Weißmehl, also helle Brötchen, Pizza und Nudeln. Wir wissen, das ist leichter gesagt als getan: Unsere Jungs lieben helle Brötchen mit Schokocreme oder auch Eis und Katrin hat einen riesigen Kuchenzahn. Deshalb gibt es bei uns auch immer wieder Ausnahmen. Unser Motto: Die Dosis macht das Gift. Außerdem gibt es ja auch Brötchen, Pizza und Nudeln aus Vollkornteig!

DIE NATUR ATMET AUF

Eine Welt ohne uns

Frühjahr 2020: Livecams auf der ganzen Welt vermittelten einen surrealen Eindruck. Stadtzentren, Skigebiete, Shoppingcenter, Touristenstrände – alles war leer, wirkte wie ausgestorben, fast schon gespenstisch. Die Menschheit war wegen des Coronavirus im **Lockdown**, hatte sich selbst heruntergefahren.

Aber nicht überall herrschte Totenstille, mancherorts geschahen seltsame Dinge: In verschiedenen Häfen auf der ganzen Welt tauchten plötzlich Delfine auf. Selbst im Hafen von Mumbai, einer Metropole in Indien mit über 15 Millionen Einwohnern und über 25.000 Einwohnern pro Quadratkilometer (zum Vergleich: Berlin hat gerade mal 4.000 Einwohner pro Quadratkilometer), wurden Delfine gesichtet und an der Küste Kroatiens tauchten plötzlich Wale auf.

In Israel marschierten Schweine durch die Städte und Japans Metropolen wurden von Rehen besucht. In Mexiko, im Bundesstaat Quintana Roo, wagte sich sogar ein Jaguar (das Tier, nicht das Auto) auf einen Hotelparkplatz. So etwas kannte man vor dem Corona-Lockdown nur aus Hollywoodfilmen: Menschen machen Pause und die Natur atmet auf.

Und auch diese Bilder waren echt und keine Szenen aus einem Film: Der Himalaja, das höchste Gebirge der Erde, das wegen der Umweltverschmutzung normalerweise immer im Dunst liegt, war plötzlich sichtbar. Und das aus 200 Kilometern Entfernung! Und die Einwohner von Venedig (Italien) konnten erstmals seit Menschengedenken den Boden ihrer Wasserkanäle erkennen.

Leider gibt es auch traurige Geschichten: Überall auf der Welt werden Wildtiere für Touristen oder zum Spaß gefüttert. Ist der Mensch plötzlich weg, müssen sie leiden. Bei Delfinen haben Forscher sogar herausgefunden, dass Tiere, die von Menschen gefüttert werden, ihren Jungen das Jagen nicht mehr beibringen. Das ist nicht nur in Zeiten wie Corona eine Katastrophe!

Schlimm erging es auch vielen Haustieren: Aus Angst, sich bei ihrem Hund oder der Katze mit Corona anzustecken, haben manche Menschen ihre Haustiere einfach ausgesetzt.

Und wie wird es wohl den vielen Schulpferden ergangen sein? Mussten sie die ganze Zeit im Stall stehen?

WAS WERDEN WIR WOHL AUS DER CORONA-KRISE LERNEN?

Corona hat unsere Kultur verändert. Wir haben erlebt, wie wichtig die Nähe zu anderen ist und wie komisch es sich anfühlt, sich nicht zur Begrüßung in den Arm zu nehmen oder die Hand zu geben. Eltern machten besondere Erfahrungen: Sie wurden zu Lehrern und vielen wurde klar, wie anstrengend der Beruf des Lehrers sein kann. Manche denken seitdem aber vielleicht auch, dass Homeschooling gar nicht so schlecht ist.

Auch in China hat sich etwas getan: Wissenschaftler warnen schon seit Jahren[27], dass speziell dort aufgrund der Lebensweise (siehe Seite 14) schnell wieder eine völlig neue Erkrankung ausbrechen kann. Ende Februar 2020 hat nun end-

UNSERE FREUNDE UND WIE WIR ZUSAMMENLEBEN

lich der chinesische Staat reagiert und den Handel sowie den Verzehr von Wildtieren weitestgehend verboten.[28]

Natürlich wird die nächste, vielleicht sogar viel gefährlichere Pandemie trotzdem kommen. Denn unsere Lebensweise ist eben förderlich für eine pandemische Ausbreitung. Aber vermutlich sind wir auf sie besser vorbereitet. Vielleicht ist bei vielen das regelmäßige und gründliche Händewaschen mit Seife zur Gewohnheit geworden und das hilft auch in unserem ganz normalen Alltag.

Es wäre also gut, wenn wir die Corona-Krise mit all ihren persönlichen Schicksalsschlägen, den wirtschaftlichen Konsequenzen und den privaten Einschränkungen auch als Chance zum Lernen nutzen würden. Vielleicht sehen wir alle – und auch du – nach dem Lesen dieses Sachbuchs die Welt der Mikroorganismen und Viren mit ein bisschen mehr Ehrfurcht. Sie sind zwar klein, aber sie haben es ganz schön in sich!

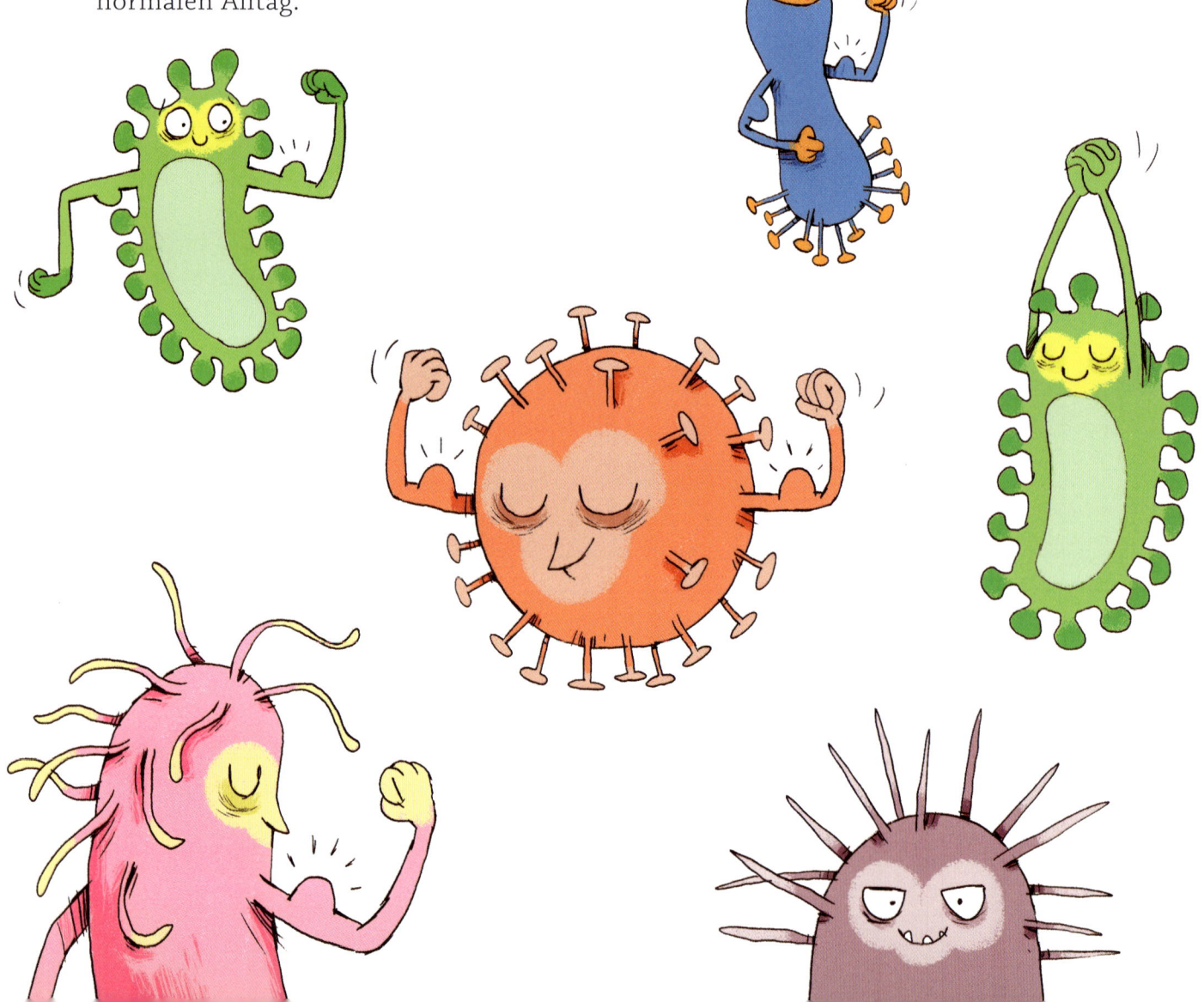

Symbolbilder, die um die Welt gingen: Erstmals seit 30 Jahren konnte man aus 200 Kilometern Entfernung die Gebirgskette des Himalaja sehen.

Seitdem Menschen in Venedig leben, blicken sie in trübes Wasser. Nur wenige Tage nach dem Lockdown in Italien floss glasklares Wasser in den Kanälen.

LIEBE ELTERN, LEHRERINNEN UND LEHRER,

in den meisten Sachbüchern für Erwachsene wird angegeben, woher das Wissen stammt. Das ist wissenschaftliche Praxis. Jeder Wissenschaftler/jede Wissenschaftlerin, der/die etwas erforscht hat und darüber eine Veröffentlichung schreibt, muss ganz genau angeben, was er/sie selbst erforscht oder bei anderen gelesen hat. Dadurch ist es möglich, jedes einzelne kleine Wissensstückchen nachzuverfolgen. Man möchte damit ausschließen, dass sich irgendwer etwas ausdenkt und dann behauptet, dass es so ist. In Schulbüchern oder Sachbüchern für junge Menschen ist so etwas eher unüblich. Wir haben uns hier entschlossen, einen kleinen Kompromiss einzugehen, und daher geben wir manchmal die Quellen an und manchmal nicht.

Karsten hat einige Zeit Mikrobiologie unterrichtet und seine Vorlesungen bzw. sein Unterricht beruhte auf den folgenden beiden Grundlagenbüchern:

- *Grundlagen der Mikrobiologie* von Prof. Heribert Cypionka in der vierten Auflage, Springer Verlag

- *Hygiene und medizinische Mikrobiologie: Lehrbuch für Pflegeberufe*. Herausgeber: Monika Dülligen, Alexander Kirov, Hartmut Unverricht; siebente Auflage; Schattauer Verlag

Die meisten Informationen in unserem Buch stammen aus diesen beiden Büchern, was wir aber im Text nicht speziell angegeben haben. Nicht allgemein verbreitetes oder besonderes Wissen haben wir allerdings markiert. Kleine hochgestellte blaue Nummern verweisen auf die Liste ab Seite 182, in der steht, woher wir dieses Wissen haben.

Gute Informationen über Mikrobiologie finden sich auf den folgenden Internetseiten:

- www.rki.de
- de.wikibooks.org/wiki/Medizinische_Mikrobiologie
- https://eliph.klinikum.uni-heidelberg.de
- www.tgw1916.net

Neben vielen Freunden und Bekannten aus Wissenschaft und Forschung möchten wir ganz besonders Herrn Dr. med. Ernst Tabori, dem Direktor des Deutschen Beratungszentrums für Hygiene, danken. Er hat sich unseren Text angesehen und viele hilfreiche Kommentare gegeben. Auch wenn wir uns bemüht haben, alles Wissen korrekt zusammenzutragen, können sich bei einem so großen Thema wie der Mikrobiologie Fehler einschleichen. Für diese sind natürlich ausschließlich wir verantwortlich. Wir hoffen, dass die Reise in unsere unsichtbare Nachbarschaft viele interessante Erkenntnisse gebracht hat, und natürlich auch, dass alle viel Spaß beim Lesen hatten.

Beste Grüße

Katrin Linke und Karsten Brensing

GLOSSAR FÜR FACHBEGRIFFE

Der **ACE2-Rezeptor** ist ein Protein, das mit einer bestimmten Form aus der Zellmembran von verschiedenen Zelltypen herausragt. Er spielt eine Rolle bei der Regelung des Blutdrucks. Coronaviren benutzen diesen Rezeptor, um sich in die Zellen einschleusen zu lassen.

Amphoren sind bauchige Tongefäße, in denen in der Antike Flüssigkeiten transportiert wurden.

Die **Ansteckungsrate** ist der umgangssprachliche Begriff für die Reproduktionszahl. Sie gibt an, wie viele Menschen ein Kranker ansteckt. Ist sie 1, dann steckt ein Kranker einen Gesunden an. Ist die Zahl kleiner als 1, geht die Krankheit zurück, ist sie größer als 1, breitet sie sich aus.

Als **Biomasse** bezeichnet man die Gesamtheit aller biologischen Stoffe, egal ob lebend oder tot.

Botenstoffe sind kleine Moleküle, mit denen sich Zellen untereinander verständigen können. Das funktioniert bei den Zellen eines Menschen genauso wie auf einem Acker, wenn sich Pilz und Pflanze abstimmen.

Die Begriffe **Chemie**, **Chemikalien** und **chemisch** bringen zum Ausdruck, dass Elemente oder Moleküle miteinander reagieren und eine Verbindung untereinander herstellen. Wie diese Verbindungen zustande kommen und welches Element sich mit wem unter welchen Bedingungen verbinden kann, sind Fragen der Chemie. In deinem Körper und um dich herum finden ständig unzählige chemische Reaktionen statt.

Chemolithoautotrophe Bakterien leben an heißen Wasserquellen in der Tiefsee. Sie gewinnen ihre Energie zum Leben weder aus der Sonne (wie die Pflanzen) noch aus der Verdauung von Nahrung (wie die Tiere), sondern aus in Steinen gebundener chemischer Energie. *Chemo* steht für chemisch, *litho* für Stein, *auto* für selbstständig und *troph* für Ernährung. Ganz schön kompliziert, was?

In der **DNA**, aber auch in der **RNA** werden alle Informationen gespeichert, die unser Körper braucht, um zu wachsen und zu leben. Die DNA kann man sich als eine Kette von Molekülen vorstellen. Es gibt vier verschiedene Kettenglieder, die Basen. Die Reihenfolge der Kettenglieder ergibt den **genetischen Code**, also den Bauplan für die Lebewesen.

Im Gegensatz zur RNA besteht die DNA aus einem Doppelstrang. Dieser Doppelstrang sieht aus wie zwei umeinander gewundene Ketten, man nennt diese Struktur Helix. Die DNA befindet sich im Zellkern.

In der Biologie ist eine **Domäne** die höchste Stufe der Einteilung der Lebewesen, sie beruht auf deren Verwandtschaft. Derzeit gibt es nur drei Domänen: die Bakterien, die Archaeen (früher nannte man sie Archaebacteria) und die Eukaryoten (das sind Lebewesen mit einem Zellkern, dazu zählen alle Tiere, Pflanzen und Pilze).

Einzeller sind Lebewesen, die nur aus einer Zelle bestehen. Im Gegensatz dazu gibt es Mehrzeller wie zum Beispiel dich.

Ein **Elektronenmikroskop** benutzt Elektronen statt Licht. Sie schwingen in einer viel höheren Frequenz als Lichtwellen und machen viel kleinere Strukturen sichtbar. Mit einem Elektronenmikroskop kann man Dinge von ca. 0,5 nm erkennen, mit einem normalen Lichtmikroskop ist bei 500 nm Schluss.

Ein **Element** ist ein Stoff, der chemisch nicht mehr geteilt werden kann. Es ist ein Reinstoff und keine Verbindung zwischen unterschiedlichen Atomen. Beispiele für Elemente sind: Wasserstoff (H), Sauerstoff (O), Eisen (Fe) und Gold (Au). Wir kennen heute 118 unterschiedliche Elemente. Verbindungen (also keine Elemente) sind z. B. Wasser (H_2O), Kohlendioxid (CO_2) und Speisesalz (NaCl).

Emil Behring (1854 bis 1917) war ein deutscher Mediziner. Für seine Blutserumtherapie erhielt er 1901 den ersten Nobelpreis für Medizin.

Bei **Enzymen** handelt es sich meistens um Proteine. Diese kleinen Maschinen sind für unglaublich viele chemische Reaktionen in deinem Körper verantwortlich. Sie wirken durch einen besonderen Trick, denn sie lassen Reaktionen bei geringerer Temperatur ablaufen. Kompliziert? Probiere es zusammen mit deinen Eltern selbst aus: Nimm ein Stück Würfelzucker und versuche, es anzuzünden! Hat nicht geklappt, stimmt's? Gib etwas Asche (vielleicht von einer verbrannten Zeitung) auf den Zucker und versuche es noch mal. Cool, was? Die Asche hat wie ein Enzym funktioniert und die Reaktion möglich gemacht.

Fäkalien ist ein Sammelbegriff für Urin und Stuhlgang von Mensch und Tier.

Freie Radikale sind chemisch sehr aktive Verbindungen, die der Körper normalerweise schnell abbaut, da sie mehr schaden als nutzen.

Als **Gebärmutter** wird das Organ bezeichnet, in dem bei weiblichen Säugetieren die Nachkommen bis zur Geburt heranwachsen.

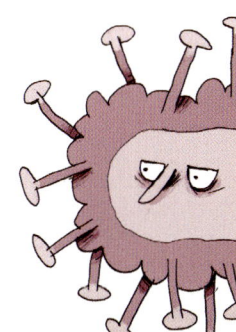

Der **genetische Code** ist eine Art Bauanleitung. Die Reihenfolge der einzelnen Kettenglieder der DNA- und auch RNA-Moleküle sind der Code. Ein Beispiel: Unser Alphabet besteht aus 26 Buchstaben. Reihen wir einige aneinander, entsteht ein Wort, zum Beispiel *Auto*. Aus denselben Buchstaben könnte aber auch *Otua* gemacht werden. Dieses Wort ergibt aber keinen Sinn, die Buchstaben sind falsch codiert. Der Code der DNA- und RNA-Moleküle besteht im Gegensatz zu unseren 26 Buchstaben nur aus vier Buchstaben. Es sind vier unterschiedliche Moleküle, die aneinandergereiht wie Glieder einer Kette die DNA und RNA bilden. Ihre Reihenfolge bestimmt, was die Zelle bauen soll. Je nachdem, was die Aufgabe einer Zelle ist, liest sie diesen Code und führt ihn aus.

Ein **Genom** ist die Gesamtheit aller Gene eines Lebewesens. Ein Gen ist ein bestimmter Abschnitt auf der DNA, der den Bauplan für ein bestimmtes Protein codiert und somit für eine bestimmte Funktion verantwortlich ist.

Durch **Gerben** wird Haut zu Leder. Bei dem Prozess des Gerbens werden die Zellen der Haut aufgelöst und das frei werdende Protein Keratin wird chemisch vernetzt. Dadurch entsteht das haltbare und strapazierfähige Leder.

Gülle nennt man den natürlichen Dünger, der aus den Fäkalien landwirtschaftlicher Nutztiere besteht.

Ein **Heilserum** wird Erkrankten gespritzt. Es besteht aus Antikörpern gegen einen bestimmten Krankheitserreger oder Giftstoff. Es wird aus Tieren oder Menschen gewonnen, die die entsprechende Krankheit bereits überstanden haben. Früher wurden die Antikörper aus Pferden gewonnen, gereinigt und direkt verwendet. Heute können sie auch künstlich nachgebaut werden.

Als **Hyphen** bezeichnet man fadenartige Zellschläuche, die durch den Boden wachsen. Sie bilden in ihrer Gesamtheit den eigentlichen Pilz.

Inzucht fördert **Erbkrankheiten**. Vielleicht hast du schon mal gehört, dass wir einen doppelten Chromosomensatz haben. Einen hast du von deiner Mama, den anderen von deinem Papa. In jeder deiner Körperzellen hast du somit zweimal den kompletten genetischen Bauplan für deinen Körper. Wenn eines deiner Elternteile eine Erbkrankheit (also einen Fehler im Bauplan) hat, macht das meist gar nichts. Wenn aber beide Eltern den gleichen Fehler haben und dadurch bei ihren Kindern beide Chromosomen an der gleichen Stelle fehlerhaft sind, bekommen die Kinder die Erbkrankheit. Nahe Verwandte haben oft die gleichen Gene und Genvarianten und so sollten sie keine Kinder miteinander zeugen. Daher der Name *Inzucht*, also die Zucht *in*nerhalb der Familie.

Als **Immunität** bezeichnet man die Fähigkeit eines Lebewesens, gegen die Wirkung eines Erregers unempfindlich zu sein. Es wird einfach nicht krank, es ist immun. Wie das funktioniert, findest du im Kapitel *Immunsystem*.

Keime ist in der Medizin ein anderes Wort für Krankheitserreger.

Lockdown kommt aus dem Englischen und setzt sich aus *lock* (verschließen) und *down* (runter oder außer Betrieb) zusammen. Gemeint sind Maßnahmen, bei der die weitere Übertragung von Krankheiten dadurch verhindert wird, dass Kontaktmöglichkeiten „weggeschlossen" sind. Es ist eine Maßnahme der Quarantäne.

Als **lysogener Zyklus** bezeichnen Wissenschaftler den „Lebens"-Zyklus von Viren, bei dem diese die Wirtszellen nach der Vermehrung nicht auflösen (siehe **lytischer Zyklus**), sondern sich mit den sich teilenden Zellen weitervermehren lassen. Das ist ganz praktisch, wenn Bakterien genügend Nahrung haben und sich ungehemmt vermehren. Die Viren warten einfach ab, bis die Nahrung knapp wird und die Bakterien aufhören zu wachsen, und zerstören erst dann die Zellmembran ihrer Wirtszelle.

Als **lytischen Zyklus** bezeichnen Wissenschaftler den „Lebens"-Zyklus von Viren, bei dem diese nach ihrer Vermehrung die Zelle zerstören. Sie lösen (Lyse) einfach die Zellwand auf, gelangen in die Umgebung und können neue Zellen infizieren.

Eine **Membranblase** kannst du dir wie einen Luftballon aus Zellmembran (siehe Kapitel *Die Entstehung des Lebens*) vorstellen. In diesem Bläschen können alle möglichen Dinge drin sein, z. B. Enzyme, Zellabfall oder sogar Viren.

Die **Mikrobiologie** beschäftigt sich mit der Biologie der Dinge, die so klein sind, dass wir sie mit bloßem Auge nicht sehen können. Dazu gehören Bakterien, Viren und Pilze sowie einzellige Tiere und Algen, aber auch Parasiten wie Würmer und Insekten.

Eine **Nacht-** oder auch **Bettpfanne** ist eine flache Schüssel mit Deckel. Sie wird bettlägerigen, kranken Menschen untergeschoben, damit sie sich darauf entleeren können. Klingt ein bisschen unappetitlich, ist aber eine ganz praktische Erfindung.

Nanoroboter sind Roboter, die extrem klein sind. Man unterscheidet zwischen Mikro- (kleiner als ein Millimeter, also zwischen 1 µm bis 999 Mikrometer) und Nanorobotern (kleiner als ein Mikrometer, also 1 nm bis 999 Nanometer).

Als **Nutztiere** bezeichnet man Tiere, die wir Menschen einseitig ausnutzen, wie Schweine oder Kühe. Der Begriff ist umstritten, denn es gibt keinen wirklichen Grund, zwischen Haustieren (Hund oder Katze) und Nutztieren zu unterscheiden. Beide sollten gleiche Rechte haben. Ein Haustier darf von seinem Besitzer nicht getötet werden, ein Nutztier schon. Das ist unlogisch und wir finden es moralisch bedenklich.

Als **Parasiten** oder als **parasitär** werden Lebewesen bezeichnet, die sich von anderen Lebewesen ernähren, dafür aber nichts zurückgeben. Eine Mücke, die dich sticht und dein Blut saugt, ist ein Parasit. Auch Zecken und Bandwürmer sind Parasiten.

Der **Placeboeffekt** ist ein bisschen wie Magie. Wenn Menschen ganz fest an eine bestimmte Wirkung glauben, dann tritt die entsprechende Wirkung auch oft ein. Das betrifft nicht nur leichtgläubige Menschen, sondern alle. Deswegen werden beispielsweise neue Medikamente auch gegen eine Placebo-Pille (also eine Pille ohne Wirkstoff) getestet.

Proteine nennt man auch Eiweiße. Sie sind unter anderem für die Bewegung deiner Muskeln verantwortlich. Aber sie können viel mehr als das, denn sie sind die Maschinen unserer Zellen: Sie produzieren, transportieren, organisieren, reparieren und machen noch viele andere Dinge, ohne die Leben nicht vorstellbar wäre. Genau genommen sind sie die Träger des Lebens. Manchmal sind sie auch Baumaterial, denn sie können sich zu tollen Strukturen zusammensetzen.

Unter **Quarantäne** oder **Quarantänemaßnahmen** versteht man die Isolation von Kranken oder möglicherweise Erkrankten. Wenn Quarantäne konsequent durchgeführt wird, können selbst die gefährlichsten Krankheiten ausgerottet werden. Denn wenn niemand mehr angesteckt werden kann, stirbt der Erreger aus.

Ribosomen sind so etwas wie winzig kleine Fabriken in deinen Zellen. Sie lesen den genetischen Bauplan von der RNA ab und fertigen danach die entsprechenden Proteine. Es sind also Fabriken, die die kleinen Maschinen, die Eiweiße, deiner Zellen produzieren.

RNA ist wie die DNA ein Kettenmolekül, das Informationen speichert. Der große Unterschied zur DNA ist, dass die DNA aus *zwei* miteinander verbundenen Ketten (Doppelstrang) besteht, die RNA aber nur aus *einem* Strang. Im Gegensatz zur DNA kann die RNA aber nicht nur Informationen speichern, sondern gemeinsam mit Proteinen Strukturen mit Funktionen bilden (zum Beispiel die Ribosomen). RNA steht im Englischen für *ribonucleic acid*. Auf Deutsch sagt man Ribonukleinsäure.

Salmonellen sind stäbchenförmige bewegliche Bakterien, die bei vielen Tieren und auch beim Menschen Krankheiten verursachen.

Als **Symbiose** bezeichnet man die Lebensgemeinschaft von unterschiedlichen Arten, bei der sich die Arten gegenseitig unterstützen. So verteidigen einige Ameisen den Baum, auf dem sie leben. Die Ameisen bekommen dafür Nahrung und Lebensraum vom Baum und der hat den Vorteil, dass sich kein Pflanzenfresser an seine Blätter traut, denn die Ameisen würden sich auf ihn stürzen.

Als **Symptome** bezeichnet man die Anzeichen bzw. die Auswirkungen von Erkrankungen. Oft können Ärzte die Ursache einer Krankheit nicht behandeln, dann behandeln sie nur die Symptome (zum Beispiel Fieber oder Juckreiz). Das erleichtert den Kranken die Zeit, bis ihr eigener Körper das Problem gelöst hat.

Verdauungsenzyme sind kleine Maschinen aus Proteinen, die Nahrung chemisch zerkleinern, sodass sie über die Zelloberfläche aufgenommen werden kann.

Bei der **Verwesung** handelt es sich um einen Prozess, bei dem tote Tiere oder Menschen von Mikroorganismen zersetzt werden. Bei dieser Zersetzung werden auch die Eiweiße ab- und umgebaut. Einige dieser Eiweiße erzeugen in unserer Nase einen furchtbaren Geruch, der uns schon aus großer Entfernung davor warnen soll, dass dort ein Leichnam liegt.

Die **Weltgesundheitsorganisation** (World Health Organization, WHO, www.who.int) ist ein Teil der Vereinten Nationen. Sie ist international für alle Fragen der Gesundheit und Medizin verantwortlich. Sie wurde 1948 gegründet und ihr Sitz ist in Genf (Schweiz).

Als **Wirt/Wirtszelle/Wirtskörper** werden die Lebewesen bezeichnet, die für einen anderen Organismus den Lebensraum bilden.

Zivilisationskrankheiten sind, wie der Name schon sagt, Krankheiten, die unsere Zivilisation hervorbringt. Im Englischen heißt es *lifestyle disease,* also Lebensstil-Krankheit, und es wird deutlich, dass die Krankheiten von der Art, wie wir unser Leben führen, abhängen. Eine Ursache ist unser Zuckerverbrauch: Zu viel Zucker führt zu Karies, Fettleibigkeit und Diabetes. Es gibt aber noch viele andere Krankheiten, die wir selbst verursachen.

Zysten sind Dauerstadien von verschiedenen Lebewesen. Als Zyste sind die Lebewesen gut geschützt und haben alle Lebensfunktionen auf ein Minimum verringert, so können sie lange überleben.

GLOSSAR FÜR KRANKHEITEN

Die **Alzheimer**-Krankheit zerstört die Nervenzellen eines Menschen. Sie tritt meistens bei Menschen auf, die über 65 Jahre alt sind. Durch die Krankheit werden sie dement, d. h. sie verlieren nach und nach ihre geistigen Fähigkeiten.

Der Begriff **Arthritis** stammt aus dem Griechischen und bedeutet Gelenkentzündung. Dabei können Finger-, Hand- oder auch Kniegelenke betroffen sein. Sie können anschwellen, tun weh und ihre Beweglichkeit ist eingeschränkt. Ursache für eine Arthritis kann eine Infektion mit Bakterien sein oder auch eine Stoffwechselerkrankung.

Die **Cholera** ist eine schwere Infektionskrankheit, die mit massiven Durchfällen einhergeht. Sie wird durch das Bakterium *Vibrio cholerae* hervorgerufen. Die Cholera ist vor allem in Gebieten mit schlechter Hygiene verbreitet. Betroffen sind meist unterernährte und geschwächte Personen. Unbehandelt verläuft die Infektion häufig tödlich.

Das **Ebola**fieber ist eine Infektionskrankheit und wird durch Viren der Gattung Ebolavirus hervorgerufen. Die Bezeichnung geht auf den Fluss Ebola in der Demokratischen Republik Kongo zurück, in dessen Nähe diese Viren 1976 den ersten allgemein bekannten großen Ausbruch verursacht hatten.

Erbkrankheiten sind Erkrankungen, die von den Eltern an ihre Kinder weitergegeben werden. Im Eigentlichen handelt es sich aber um Erkrankungen, die aufgrund von „Fehlern" in den Erbanlagen entstehen.

Die Frühsommer-Meningoenzephalitis (**FSME**) wird durch ein Virus verursacht, das vor allem durch Zecken übertragen wird. Durch einen Zeckenstich gelangen die Viren in die Blutbahn des Menschen und können dort die Krankheit auslösen. Es kann zu grippeähnlichen Symptomen und Fieber kommen, aber auch zu einer Entzündung des Gehirns und der Hirnhaut, die lebensgefährlich sein kann.

HIV ist eine Infektion, die das menschliche Immunsystem schwächt. Auslöser ist ein Virus, das bestimmte Zellen der Immunabwehr schädigt oder zerstört und den Körper anfällig für Erkrankungen macht, die bei nicht infizierten Menschen in der Regel unproblematisch verlaufen. Die Ansteckung mit dem HI-Virus erfolgt am häufigsten beim Geschlechtsverkehr. Ein weiterer Über-

tragungsweg ist die Ansteckung durch HIV-infiziertes Blut.

Als **Influenza** wird eine echte Grippe bezeichnet, die durch Viren ausgelöst wird. Sie verursacht hohes Fieber, schwere Kopf- und Gliederschmerzen und kann von einem trockenen Reizhusten begleitet sein. Im Unterschied zu einer Erkältung sind bei einer Influenza typischerweise nicht nur die Atemwege, sondern der gesamte Körper betroffen. Eine Influenza kann einen lebensbedrohlichen Verlauf nehmen.

Keuchhusten wird durch Bakterien ausgelöst und ist sehr ansteckend. Die Bakterien bilden Giftstoffe, welche die Schleimhäute der Luftwege schädigen. In Deutschland ist die Mehrheit der Kinder gegen Keuchhusten geimpft und auch Erwachsenen wird eine Auffrischung der Impfung empfohlen.

Kinderlähmung, auch Polio genannt, wird von Viren verursacht und ist eine hoch ansteckende Infektionskrankheit. Sie verläuft meist ohne Symptome, kann aber auch grippeartige Beschwerden hervorrufen. Einige wenige Patienten erkranken schwer und tragen Spätfolgen davon wie Lähmungen oder Fehlstellungen von Gelenken. Eine Impfung ist die wichtigste vorbeugende Maßnahme gegen die Kinderlähmung.

Von **Krebs** spricht man, wenn sich die Zellen eines Menschen ungehemmt teilen, obwohl das eigentlich nicht erforderlich ist. Wachsen sie unkontrolliert, verdrängen sie gesunde Zellen eines Organs oder zerstören es sogar. Darum wird Krebs auch als *bösartige* Erkrankung bezeichnet. Das Krebsgeschwür selbst heißt *bösartiger* Tumor. Es gibt aber auch *gutartige* Tumoren. Sie wachsen zwar ebenfalls, aber sie zerstören keine anderen Organe und breiten sich nicht im Körper aus.

Die **Legionärskrankheit** oder auch Legionellose ist eine schwere Form der Lungenentzündung. Ausgelöst wird sie von Bakterien der Art *Legionella pneumophila*. Die Krankheit wurde erstmals 1976 bekannt, als sich Kriegsveteranen in Philadelphia (USA) zu einer Tagung trafen („The American Legion") und viele anschließend krank wurden oder sogar starben.

Masern werden durch Viren ausgelöst und kommen weltweit vor. Sie sind hoch ansteckend. Bei etwa jedem zehnten Betroffenen treten Komplikationen wie Gehirnentzündungen auf. Diese können zum Tod oder zu schweren geistigen Behinderungen führen. In Deutschland ist die Häufigkeit von Masern-Erkrankungen durch Impfungen stark zurückgegangen.

Milzbrand ist eine oft schwer verlaufende Erkrankung, die vor allem Haut, Lunge oder Darm betrifft. Auslöser ist ein Bakterium. Die Bezeichnung Milzbrand basiert auf der Beobachtung, dass die Milz Verstorbener bei der Obduktion ein bräunlich-verbranntes Aussehen hat. Die Übertragung erfolgt fast ausschließlich über Tiere oder tierisches Material. Eine Übertragung von Mensch zu Mensch ist bisher nicht beschrieben worden. Milzbrand kann tödlich verlaufen und muss daher schnell und wirksam mit Antibiotika behandelt werden.

Bei **Multipler Sklerose** oder kurz MS richtet sich das Immunsystem gegen den eigenen Körper. Dabei kommt es im zentralen Nervensystem zu Entzündungen, die dazu führen, dass die Schutzschicht der Nervenfasern, das Myelin, beschädigt oder sogar zerstört wird. Nervenimpulse werden dadurch etwa zehnmal langsamer weitergeleitet als bei gesunden Menschen. Es können unterschiedlich viele (= multiple) Stellen des Nervensystems betroffen sein, sodass es zu vielen verschiedenen Symptomen kommen kann. Deshalb wird MS auch als „Krankheit mit den tausend Gesichtern" bezeichnet.

Mumps, auch unter dem Namen Ziegenpeter, Bauernwetzel, Wochentölpel, Tölpel und Feifel bekannt, ist eine ansteckende Infektionskrankheit mit Fieber. Mumps wird von Viren hervorgerufen, welche vor allem die Speicheldrüsen der Ohren und andere Organe befallen.

Eine **Norovirus**-Infektion ist eine akute Magen-Darm-Erkrankung mit heftigem Erbrechen und Durchfall. Sie wird durch das Norovirus ausgelöst. Die Ansteckung erfolgt leicht über den Kontakt zu Erkrankten, verunreinigte Gegenstände oder (rohe) Lebensmittel. Meist besteht die Infektion nur wenige Tage und klingt ohne bleibende Schäden wieder ab. Für kleine Kinder und ältere Menschen kann der hohe Flüssigkeitsverlust durch den Durchfall aber gefährlich werden.

Bei Morbus **Parkinson** sterben Nervenzellen im Gehirn ab. Patienten können sich nur noch verlangsamt bewegen, die Muskeln werden steif. Arme und Beine beginnen im Ruhezustand zu zittern. Viele Patienten bekommen auch Probleme beim Denken und werden dement.

Pneumokokken-Infektionen werden durch das Bakterium *Streptococcus pneumoniae* ausgelöst. Wenn sich Pneumokokken in den oberen oder unteren Atemwegen ausbreiten, kann eine Nasennebenhöhlen-, Mittelohr- oder Lungenentzündung entstehen.

Scharlach ist eine plötzlich auftretende Kinderkrankheit mit einem Hautausschlag. Meist trifft es Kinder zwischen vier und sieben Jahren. Scharlach wird von Bakterien (Streptokokken) verursacht.

Die **Sichelzellenanämie** ist eine Erkrankung der roten Blutkörperchen (Erythrozyten). Sie ist erblich bedingt. Die roten Blutkörperchen sind normalerweise rund, glatt und weich, die erkrankten aber spitz, klebrig und hart und sehen dadurch wie eine Sichel aus. Sie können in den Blutgefäßen von Organen stecken bleiben und verhindern so, dass diese genügend Sauerstoff bekommen. Der Sauerstoffmangel führt dazu, dass die Organe geschädigt werden.

Tripper und **Syphilis** sind Geschlechtskrankheiten, die beim Geschlechtsverkehr übertragen werden können. Die Erreger sind Bakterien, weshalb beide Krankheiten mit Antibiotika behandelt werden. Kondome schützen vor den Krankheiten, die unbehandelt sehr gefährlich werden können.

Die **Tuberkulose** (TB) ist eine meldepflichtige Infektionskrankheit, die durch sogenannte Tuberkulosebakterien hervorgerufen wird. Die Bakterien werden meist durch Einatmen von infektiösen Tröpfchen von Mensch zu Mensch übertragen. Die Tuberkulose betrifft bevorzugt die Lunge, kann aber auch in jedem anderen Organ auftreten.

Typhus ist eine Infektionskrankheit, die unbehandelt gefährlich verlaufen kann. Auslöser ist eine bestimmte Bakterienart, nämlich Salmonellen. Typhus wird mit Antibiotika behandelt.

ANTWORTEN

Zu S. 18

Der Abfall heißt CO_2 oder auch Kohlendioxid. Wenn du zum Beispiel Zucker isst, dann wird dieser in deinen Zellen verbrannt. Mit der frei werdenden Energie betreibst du zum Beispiel deine Muskeln. Wenn man aber Zucker verbrennt, entsteht CO_2 und Wasser. Das Wasser kann dein Körper gut gebrauchen, aber das gasförmige CO_2 nicht. Deshalb wird es ausgeatmet. So machen das alle Tiere. Aber auch wenn Öl und Benzin verbrannt werden, entsteht CO_2 und das ist ein Problem für unser Klima.

Zu S. 23

Es handelt sich natürlich um eine Tröpfchen- und Kontaktinfektion, denn die Krankheit wird durch Körperflüssigkeiten, in diesem Fall durch die Spucke beim Küssen, übertragen. Wie du dich sicher vor der Krankheit schützen kannst? Indem du niemanden küsst. Aber keine Angst, das meinen wir nicht ernst – fast 100 % aller Europäer tragen das Virus in sich, ohne daran zu erkranken. Die meisten wissen vermutlich überhaupt nicht, dass sie es in sich haben. Aber es ist schon klug, niemanden zu küssen, der gerade irgendeine Krankheit hat!

Zu S. 36

Eine Stunde hat 3 mal 20 min und ein Tag hat 24 Stunden. An einem Tag kann sich also ein Bakterium 3 x 24 = 72-mal teilen. Du musst also 72-mal verdoppeln (2 x 2 = 4; 4 x 2 = 8; 8 x 2 = 16 usw.). In der Mathematik schreibt man 2^{72}. Wenn du das mit einem Computer ausrechnest, ergeben sich 4722366482869645213696 Zellen (siehe auch www.hbnweb.de/mathematik/langezahl.html). Das sind fast 5 Trilliarden Zellen. Ein solches Wachstum nennen Wissenschaftler exponentiell und das Gewicht aller entstandenen Bakterien wäre 5.000.000 kg oder 5.000 Tonnen. Will man das alles mit einem Güterzug transportieren, dann wäre dieser über drei Kilometer lang.

Zu S. 37

Durch die Impfung bildet dein Immunsystem Antikörper (siehe Infokasten auf

Seite 120) gegen das Gift der Wundstarrkrampferreger. Wird es entdeckt, bilden sich sofort ganz viele Antikörper und machen das Gift unschädlich.

Zu S. 50

Erbkrankheiten haben viele Nachteile und verschwinden normalerweise im Verlauf der Evolution schnell wieder. Die Sichelzellenanämie hat aber den Vorteil, dass man nicht an Malaria erkranken kann, und ist somit in Gebieten mit Malaria erhalten geblieben. Da Malaria nur durch Insektenstiche übertragen werden kann, ist der beste Schutz davor, sich nicht stechen zu lassen. In besonders betroffenen Ländern könntest du aber auch vorbeugende Medikamente einnehmen. Ihre Wirkung ist allerdings leider begrenzt. Eine Impfung hat bisher noch niemand erfunden.

Zu S. 51

Trinke nur Trinkwasser und nutze auch nur Trinkwasser zum Zähneputzen oder um Essen zu waschen. Wenn du dir auf Reisen unsicher bist, ob das Wasser wirklich sauber ist, verzichte auch auf Eis. Besondere Vorsicht ist z. B. in Kenia, Bangladesch, Indonesien, Thailand, Indien und Vietnam geboten.

Zu S. 54

Am besten ist es, wenn du nur frische Nahrungsmittel verzehrst. Selbst wenn du nur kleine Schimmelstellen entdeckst, solltest du alles wegschmeißen und nicht mehr essen! Es ist dabei völlig egal, ob es sich um ein kleines Stückchen Käse oder ein ganzes Brot handelt – der Pilz ist vermutlich schon überall drin. Zum Glück kannst du sehr gut schmecken, ob etwas verdorben ist. Ist das der Fall, spuck es sofort aus und spül deinen Mund mit Wasser aus. Dies gilt im Besonderen auch für Nüsse!

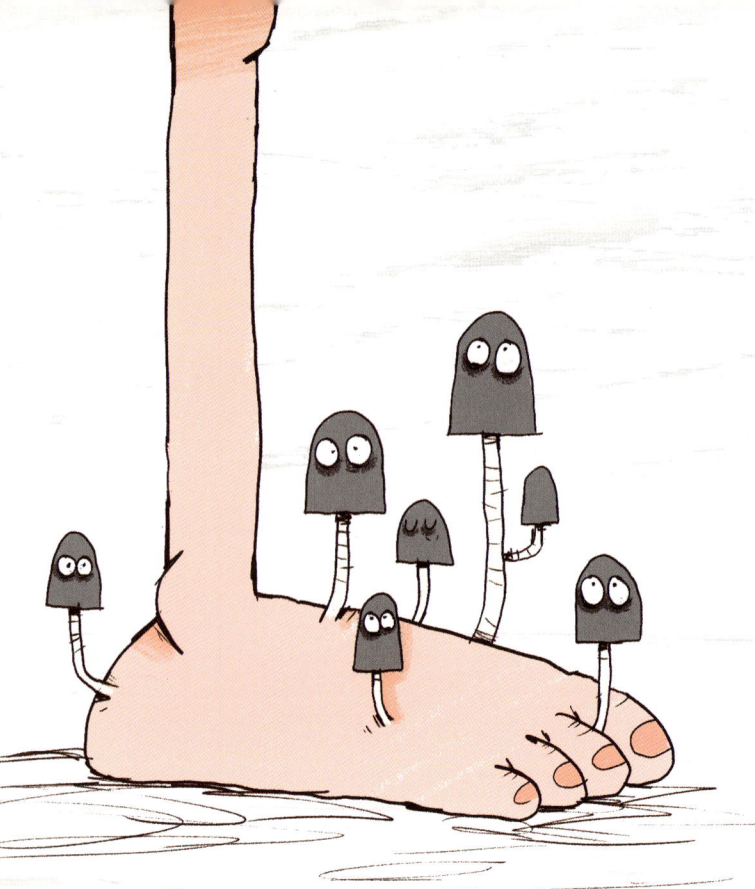

Zu S. 55

Die Sporen des Fußpilzes sind praktisch überall. Wann immer du barfuß läufst, beim Sport, in der Schwimmhalle oder in einem Hotel, kannst du dir den Pilz einfangen. Wenn du dir regelmäßig die Füße wäschst und vor allem dafür sorgst, dass deine Füße trocken sind, dann kann sich der Pilz aber nicht entwickeln. Wenn du an den Füßen viel schwitzt, solltest du Schuhe tragen, die gut belüftet sind. Sonst hast du einen schönen feuchtwarmen Brutkasten für den Pilz geschaffen. Viele coole Sportschuhe bestehen nur aus Kunststoff und sind daher perfekte Brutstätten. Achte also gut darauf, dass deine Füße darin nicht schwitzen!

Zu S. 59

Die Eier der Würmer, die mit dem Stuhl ausgeschieden werden, sind relativ stabil und können auch austrocknen. Die Übertragung kann durch verunreinigtes Wasser oder direkt erfolgen: Manchmal kommen die Würmer auch an den Darmausgang und das juckt. Wenn du dich dann kratzt, kann es passieren, dass ein paar Eier an den Fingerspitzen kleben bleiben. Von dort wandern sie auf ein Spielzeug und wenn ein kleineres Kind das Spielzeug in den Mund nimmt, ist es schon passiert. Die wichtigsten Maßnahmen sind daher: Fass dir niemals an den Popo, schneide dir die Fingernägel und wasch dir gründlich die Hände, wenn du auf der Toilette warst. Dann haben Würmer keine Chance. Besonders kleine Kinder krabbeln gern mal nackig herum, denn ohne Windel und enge Sachen lässt sich die Welt viel besser erforschen! Aber wenn ein Kind Würmer hat, ist das natürlich absolut verboten!

Zu S. 61
Wenn du beispielsweise im Wald ungewaschene Walderdbeeren oder Heidelbeeren isst, dann könntest du Wurmeier zu dir nehmen. Deshalb ist es wichtig, Obst und Gemüse vor dem Verzehr immer gut zu waschen. Die Wahrscheinlichkeit, einen Fuchsbandwurm zu bekommen, ist zwar sehr gering, aber geh lieber auf Nummer sicher.

Zu S. 115
Zwei Liter werden pro Tag produziert und über das Lymphsystem befördert.

Zu S. 117
Es können bis zu 2.000 Antikörper pro Sekunde von einer B-Lymphozyten-Zelle produziert werden. Die Antikörper sind übrigens Proteine und du hast ja im Kapitel *Proteinbiosynthese* erfahren, wie diese hergestellt werden. Bei dieser Geschwindigkeit kommen von Menschen gebaute Fabriken nicht mit.

Zu S. 133
Immunität erreicht man durch eine wirksame Impfung und dadurch, dass man die Krankheit selbst schon mal gehabt hat.

QUELLENVERZEICHNIS

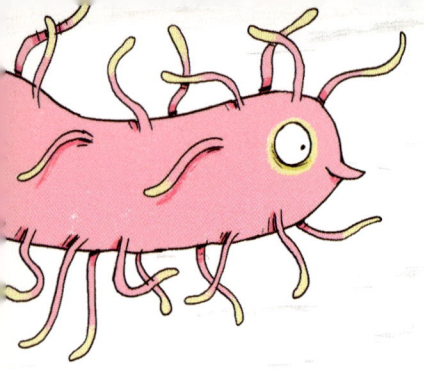

[1] D. Tyrrell, J. Almeida, D. Berry et al. (1968): Virology: Coronaviruses. Nature. 220, Vol. 650

[2] FAQ an die Bundesregierung, abgerufen am 16. Juli 2020: https://www.bundesregierung.de/breg-de/themen/coronavirus/falschmeldungen-erkennen-1738120

[3] T. Kageyama et al. (2013): Genetic analysis of novel avian A(H7N9) influenza viruses isolated from patients in China, Eurosurveillance. Band 18, Nr. 15

[4] Annie Bézier, Marc Annaheim, Juline Herbinière et al. (2009): Polydnaviruses of Braconid Wasps Derive from an Ancestral Nudivirus. Science Vol. 323, Issue 5916, S. 926-930

[4] A. W. Sainsbury et al.: Grey squirrels have high seroprevalence to a parapoxvirus associated with deaths in red squirrels. Anim. Conserv. (2000) 3, S. 229–233

[5] A. W. Sainsbury et al. (2000) 3: Grey squirrels have high seroprevalence to a parapoxvirus associated with deaths in red squirrels. Anim. Conserv., S. 229–233

[6] Sha Mi, Xinhua Lee, Xiang-ping Li, et al. (2000): Syncytin is a captive retroviral envelope protein involved in human placental morphogenesis. Nature volume 403, S. 785–789

[7] Lander, E. et al. 2001 Erratum: Initial sequencing and analysis of the human genome: International Human Genome Sequencing Consortium. Nature 409, S. 860–921

[8] Edward B. Chuong, Nels C. Elde*,†, Cédric Feschotte*,† (2016): Regulatory evolution of innate immunity through co-option of endogenous retroviruses. Science Vol. 351, Issue 6277, S. 1083–1087

[9] www.spektrum.de/frage/besteht-der-mensch-aus-mehr-bakterien-als-koerperzellen/1392955

[10] Herzog, B., & Wirth, R. (2012): Swimming Behavior of Selected Species of Archaea. Applied and Environmental Microbiology, 78(6), S. 1670–1674

[11] Rook GA, Martinelli R., Brunet LR. (2003): Innate immune responses to mycobacteria and the downregulation of atopic responses, Curr Opin Allergy Clin Immunol 3(5), S. 337–342.

[12] Gholamreza Darai, Michaela Handermann, Hans-Günther Sonntag, Lothar Zöller (Hrsg.) (2012): Lexikon der Infektionskrankheiten des Menschen. Erreger, Symptome, Diagnose, Therapie und Prophylaxe. Springer Berlin/Heidelberg

[13] D. Huizuga: Zur Abiogenesis-Frage. In: E.F.W. Pflüger (Hrsg.): Archiv für die gesamte Physiologie des Menschen und der Tiere. Band 7, Cohen, Bonn 1873, S. 549–574

[14] www.sueddeutsche.de/gesundheit/pest-todesopfer-pandemie-infektiologie-hygiene-1.4503134-3

[15] Freeland W. J. (1976): Pathogens and the evolution of primate sociality. Biotropica 8, S. 12–24.

[16] Michael Gurven, Hillard Kaplan: Longevity Among Hunter-Gatherers 2007, A Cross-Cultural Examination. In: Population and Development Review. Band 33, Nr. 2, S. 321–365

[17] W. Li, M. J. Moore, N. Vasilieva, J. Sui et al. (2003): Angiotensin-converting enzyme 2 is a functional receptor for the SARS coronavirus. Nature. Band 426, Nr. 6965, S. 450–454,

[18] Hart, B. L. (2011). Behavioral defenses in animals against pathogens and parasites: parallels with the pillars of medicine in humans. Philosophical Transaction of the Royal Society B, 366, S. 3406–3417

[19] www.3sat.de/wissen/nano/pro-und-contra-impfen-100.html

[20] Nick Bos, Liselotte Sundstrom, Siri Fuchs, Dalial Freitak (2015): Ants medicate to fight disease. Evolution 69–11: S. 2979–2984

[21] Shuker (2001): The Hidden Powers of Animals: Uncovering the Secrets of Nature. Marshall Editions, ISBN-10: 1840285265

[22] www.who.int/features/qa/stopping-antibiotic-treatment/en/

[23] ec.europa.eu/commission/presscorner/detail/de/IP_05_1687

[24] www.tagesschau.de/investigativ/ndr/antibiotika-landwirtschaft-101.html

[25] Bundesamt für Verbraucherschutz und Lebensmittelsicherheit, Paul-Ehrlich-Gesellschaft für Chemotherapie e.V. GERMAP 2015 – Bericht über den Antibiotikaverbrauch und die Verbreitung von Antibiotikaresistenzen in der Human- und Veterinärmedizin in Deutschland. Antiinfectives Intelligence, Rheinbach, 2016

[26] Holger Heuer, Kornelia Smalla (2007): Manure and sulfadiazine synergistically increased bacterial antibiotic resistance in soil over at least two months. In: Environmental Microbiology. Bd. 9, Nr. 3, S. 657–666

[27] Vincent C. C. Cheng, Susanna K. P. Lau, Patrick C. Y. Woo et al. (2007): Severe Acute Respiratory Syndrome Coronavirus as an Agent of Emerging and Reemerging Infection. Clinical Microbiology Reviews 20(4): S. 660–694

[28] www.spektrum.de/news/china-verbietet-wildtiere-auf-tiermaerkten/1708170

BILDNACHWEIS

Shutterstock: S. 6 © NatalieIme, © Fotomay; S. 7 © Syda Productions; S. 10 © Olga Rolenko; S. 13 © Droneandy; S. 15 © Richard Karl Gregg; S. 21 © Hoika Mikhail; s. 23 © KPixMining, © Aliaksandra Post, © 4 PM production; S. 25 © Rupinder singh 0071; S. 32 © Alexander Raths; S. 33 © Christoph Burgstedt; S. 35 © Shopping King Louie; S. 38 © godi photo; S. 44 © Dotted Yeti; S. 47 © Agave Studio; S. 49 © Rattiya Thongdumhyu, Rattiya Thongdumhyu; S. 54 © ArmadaE; S. 55 © Alice Day; S. 56 © popcorner; S. 60 © Jarun Ontakrai; S. 61 © Plamen Denov, © Michaela Klenkova; S. 63 © Maximillian cabinet; S. 77 © WAYHOME studio; S. 80 © Africa Studio; S. 84 © photowind; S. 87 © Everett Collection; S. 91 © Syda Productions; S. 93 © yousef arman; S. 94 © Soraya Plaithong; S. 97 © Robert Kneschke; S. 99 © OksAks, © Rawpixel.com; S. 107 © KPixMining; S. 126 © Kaspars Grinvalds; S. 133 © Andriy Solovyov; S. 135 © A3pfamily; S. 140 © r.classen; S. 142 © AndreAnita; S. 145 © The Teaching Doc; S. 147 © FooTToo; S. 148 © josefkubes; S. 149 © mitchFOTO; S. 150 © Arthon.Meekodong; S. 154 © Toa55; S. 157 © BOKEH STOCK; S. 165 © Crystal Image, © Igor Link

Andere: S. 57 © Karsten Brensing, Katrin Linke

Dr. Karsten Brensing hat in Kiel Meeresbiologie studiert. Später hat er, gemeinsam mit seiner Frau Katrin Linke, in Florida und Israel die Interaktion zwischen Delfinen und Menschen erforscht und 2004 an der Freien Universität in Berlin seine Doktorarbeit abgeschlossen.
Sein erstes Kinderbuch *Wie Tiere denken und fühlen* wurde mit dem „Umweltpreis der Kinder- und Jugendliteratur" ausgezeichnet und war „Wissensbuch des Jahres" 2019. Als Biologe hat er einige Zeit Mikrobiologie und Hygiene unterrichtet. Derzeit arbeitet er selbstständig als Berater und Autor. Er hat bisher drei erfolgreiche Bücher über das Denken und Fühlen von Tieren geschrieben und als Berater für das Umweltministerium, die Europäische Kommission und für Umweltschutzorganisationen gearbeitet.

www.karsten-brensing.de

Nikolai Renger ist in Karlsruhe geboren und studierte Visuelle Kommunikation an der HFG in Pforzheim. Er ist als freiberuflicher Illustrator für verschiedene Verlage und Agenturen tätig und arbeitet seit 2013 im Atelier Remise in Karlsruhe. Besonders gern zeichnet er übrigens Tiere.

Katrin Linke hat in Göttingen und Kiel Medizin und Biologie studiert. Anschließend war sie in Florida und Israel, um die Interaktion zwischen Delfinen und Menschen zu erforschen. Seit 2001 arbeitet Katrin als freie Wissenschaftsjournalistin fürs Fernsehen und produziert Beiträge für *W wie Wissen* (ARD), *Xenius* (Arte) und *Alles Wissen* (Hessischer Rundfunk). Mit *Eine Liebe ohne Grenzen – Unsere Flucht aus der DDR*, 2019 erschienen beim Lübbe Verlag, hatte sie ihr Debüt als Buchautorin.
Die spannende Welt der Viren und Bakterien ist ihr erstes Kinderbuch. Inzwischen arbeitet sie an einem zweiten.

Katrin und Karsten sind stolze Eltern von zwei achtjährigen Jungen. Sie träumen davon, irgendwann einmal als Familie um die Welt zu segeln.

www.katrin-linke.de

ISBN 978-3-7432-0974-9
2. Auflage 2021
© 2021 Loewe Verlag GmbH, Bindlach
Umschlag- und Innenillustrationen: Nikolai Renger
Umschlaggestaltung: Michael Dietrich
Bildrecherche und Layout: Johanna Mühlbauer
Redaktion: Sabine Gschwender
Printed in the EU

www.loewe-verlag.de

Die letzten Geheimnisse der Tierwelt

Wusstest du, dass Ameisen sich im Spiegel erkennen können und Delfine sich gegenseitig beim Namen rufen? Dass Ratten gern gemeinsam lachen und Orcas echte Muttersöhnchen sind, die noch mit 30 Jahren zu Hause wohnen?

Der Verhaltensbiologe Karsten Brensing erzählt verblüffende Geschichten aus dem Tierreich. Von Bienen über Erdmännchen bis zu Affen und Elefanten zeigt er anhand vieler Beispiele, dass Tiere ganz ähnlich denken und fühlen wie wir Menschen. Wer hätte gedacht, dass Geschichten von sprechenden Tieren der Realität so nahe sind?

ISBN 978-3-7432-0304-4

Das will ich lesen!

KÖNNEN Tiere UND Menschen EINANDER VERSTEHEN?

Kannst du dir vorstellen, dass Meisen Grammatikregeln kennen und Wale sich über mehr als tausend Kilometer hinweg verständigen können? Dass es einen Papagei gab, der sich mit seiner Forscherin unterhalten hat, dass manche Tiere Wörter sprechen und dass einige Affenarten Redewendungen benutzen?

Der Verhaltensbiologe Karsten Brensing verblüfft seine großen und kleinen Leserinnen und Leser mit außergewöhnlichen Geschichten aus dem Tierreich. Von Ameisen über Vögel bis hin zu Delfinen und Schimpansen zeigt er, dass Sprache bereits vor den Menschen entstanden ist.

ISBN 978-3-7432-0547-5

Das will ich lesen!